水晶
石英质玉

Crystal Quartzose Jade

何明跃　王春利　编著

中国科学技术出版社
·北　京·

图书在版编目（CIP）数据

水晶　石英质玉 / 何明跃，王春利编著 . -- 北京：
中国科学技术出版社，2024.10
ISBN 978-7-5236-0358-1

Ⅰ . ①水… 　Ⅱ . ①何… ②王… 　Ⅲ . ①水晶—研究
Ⅳ . ① P578.4

中国国家版本馆 CIP 数据核字 (2023) 第 254322 号

策划编辑	赵　晖　张　楠　赵　佳
责任编辑	赵　佳
封面设计	中文天地
正文设计	中文天地
责任校对	邓雪梅
责任印制	徐　飞

出　　版	中国科学技术出版社
发　　行	中国科学技术出版社有限公司
地　　址	北京市海淀区中关村南大街 16 号
邮　　编	100081
发行电话	010-62173865
传　　真	010-62173081
网　　址	http://www.cspbooks.com.cn

开　　本	889mm×1194mm　1/16
字　　数	280 千字
印　　张	14.25
版　　次	2024 年 10 月第 1 版
印　　次	2024 年 10 月第 1 次印刷
印　　刷	北京瑞禾彩色印刷有限公司
书　　号	ISBN 978-7-5236-0358-1 / P·232
定　　价	198.00 元

内容提要
Synopsis

水晶和石英质玉是自然界分布最广的宝玉石资源，其品种众多。水晶家族中，主要品种有无色水晶、紫晶、黄晶、紫黄晶、绿水晶、芙蓉石、茶晶、墨晶、发晶、幽灵水晶、草莓水晶、水胆水晶、石英猫眼及星光水晶等；隐晶质石英质玉家族中主要品种有玉髓、玛瑙、碧石等；显晶质石英质玉家族中主要品种有东陵石、密玉、贵翠、佘太翠、京白玉、黄蜡石等；二氧化硅交代假象的石英质玉主要品种有木变石、硅化木、硅化珊瑚等。本书论述了这些主要品种的历史与文化、宝石学特征、质量评价、优化处理、合成及相似品的鉴别、主要产地特征及其市场等方面的专业知识和技能。

本书内容丰富、概念精准、层次分明，行文流畅、深入浅出、通俗易懂，配以产地矿区、原石、雕琢成品、镶嵌首饰等精美图片，图文并茂，实用性强。读者通过阅读本专业权威书籍，辅以实物观察与市场考察，可以在赏心悦目中系统掌握专业知识及实用技能。

本书既可向从事水晶和石英质玉的鉴定、销售、评估、收藏、拍卖等人员提供权威指导，也可作为高等院校宝石学专业、首饰设计以及水晶和石英质玉专业培训和文化推广的经典教材。

序言
Foreword

在人类文明发展的悠久历史上，珠宝玉石的发现和使用无疑是璀璨耀眼的那一抹彩光。随着人类前进的脚步，一些珍贵的品种不断涌现，这些美好的珠宝玉石首饰，很多作为个性十足的载体，独特、深刻地记录了人类物质文明和精神文明的进程。特别是那些精美的珠宝玉石艺术品，不但释放了自然之美，魅力天成，而且凝聚着人类的智慧之光，是人与自然、智慧与美的结晶。在这些作品面前，岁月失语，唯石、唯金、唯工能言。

如今，我们在习近平新时代中国特色社会主义思想指引下，人民对美好生活的追求就是我们的奋斗目标。作为拥有强烈的社会责任感和文化使命感的北京菜市口百货股份有限公司（以下简称"菜百股份"），积极与国际国内众多珠宝首饰权威机构和名优企业合作，致力于自主创新，创立了自主珠宝品牌，设计并推出丰富的产品种类，这些产品因其深厚的文化内涵和历史底蕴而引领大众追逐时尚的脚步。菜百股份积极和中国地质大学等高校及科研机构在技术研究和产品创新方面开展合作，实现产学研相结合，不断为品牌注入新的生机与活力，从而将优秀的人类文明传承，将专业的珠宝知识传播，将独特的品牌文化传递。新时代、新机遇、开新局，菜百股份因珠宝广交四海，以服务走遍五湖。面向世界我们信心满怀，面向未来我们充满期待。

通过本丛书的丰富内容和诸多作品的释义，旨在记录我们这个时代独特的艺术文化和社会进程，为中国珠宝玉石文化的传承有序作出应有的贡献。感谢本丛书所有参编人员的倾情付出，因为有你们，这套丛书得以如期出版。

中国是一个古老而伟大的国度，几千年来的历史文化是厚重的，当代的我们将勇于担当，肩负起中华优秀珠宝文化传承和创新的重任。

北京菜市口百货股份有限公司董事长

作者简介
Author profile

　　何明跃，理学博士，中国地质大学（北京）珠宝学院二级教授，博士生导师。曾任珠宝学院院长、党委书记，现任国家科技资源共享服务平台"国家岩矿化石标本资源库"主任，国家珠宝玉石质量检验师，教育部万名全国优秀创新创业导师。主要从事宝石学和地质学教学和科研工作，已培养研究生一百三十余名。荣获北京市高等学校优秀青年骨干教师、北京市优秀教师、北京市德育教育先进工作者、北京市建功立业标兵、北京市高等教育教学成果奖一等奖（排名第一）、教育部科技进步奖二等奖等。现兼任全国珠宝玉石标准化技术委员会副主任委员、全国科技平台标准化技术委员会委员、中国资产评估协会珠宝首饰艺术品评估专业委员会委员等职务，在我国珠宝首饰行业中很有影响力。

　　主持数十项国家级科研项目，发表近百篇论文，其中国际SCI二十余篇；出版专著十余部，《翡翠》获自然资源部自然资源优秀科普图书奖，《翡翠鉴赏与评价》《钻石》《红宝石 蓝宝石》《祖母绿 海蓝宝石》《翡翠》《珍珠 琥珀 红珊瑚》《宝玉石特色品种（宝石卷）》《宝玉石特色品种（玉石卷）》等在收藏界和珠宝界具有很大指导作用，为我国宝石学领域科学研究、人才培养、公众科学普及提供重要支撑。

作者简介
Author profile

　　王春利，北京菜市口百货股份有限公司党委副书记、董事、总经理，中共党员，高级黄金投资分析师、HRD 国际注册高级钻石分析师，曾获 JNA 终身成就奖。现任北京市商业经济学会第七届理事会副会长、全国首饰标准化技术委员会委员、全国珠宝玉石标准化技术委员会委员、中国珠宝玉石首饰行业协会第六届理事会副会长、中国珠宝玉石首饰行业协会第二届首饰设计委员会主任委员、中国珠宝玉石首饰行业协会彩色宝石分会第二届理事会名誉会长、中国银行间市场交易商协会第五届金币市场专业委员会委员。

　　"我对黄金珠宝永远充满了情感，也一直怀着一颗感恩的心为企业、为行业做事情。"凭借这份情感，王春利带领菜百股份守正创新，公司走过了北京商业乃至中国零售行业没有人走过的路，成为专业经营黄金珠宝零售的沪市主板上市公司，而她也成了黄金珠宝行业蓬勃发展的亲历者、见证者。

主要参编人员

谢华萍

杨淮牟

宁才刚

薛姗娜

董振邦

吴金林

申俊峰

王雨薇

吕明星

王柏宇

李根

徐宜富

施爽

张红卫

周丹怡

陈晓蕾

吴禹彤

王亚兰

前言
Preface

　　石英是自然界最常见的造岩矿物之一，水晶和石英质玉是自然界分布最广的宝玉石资源，品种众多。水晶和石英质玉家族中的数十个品种有各自不可替代的特色，成为当下的热门话题，起到推动珠宝玉石首饰行业繁荣发展的作用，为众多的宝玉石爱好者提供收藏的深度和广度；同时，也为各大博物馆增加了矿物晶体观赏石收藏和展示的实物和信息。

　　水晶有丰富的文化底蕴，人类对水晶的认识和利用历史悠久，其纯净透明的外观常被人们视作心地纯洁、坚贞不屈的象征。早在约 50 万年前的旧石器时代，古人就开始打造水晶石器；新石器时代晚期，人们开始利用水晶制作简单的佩戴装饰物；春秋时期，水晶制品逐渐流行起来，多为信物和吉祥物；战国时期，随着制作技巧和抛光工艺的提高，人们开始使用水晶制作容器；隋唐时期，水晶制作的发饰及茶盅等制品遍及宫廷和民间；明清时期，水晶备受朝廷重视，大量宫廷用水晶制品涌现。

　　在水晶家族中，无色水晶也称白水晶，有"千年冰"的雅称，其大多作为美丽的矿物晶体观赏石，广泛受到人们的喜爱。紫晶通常在围岩裂隙或空洞中结晶生长形成晶洞或晶簇，是非常重要的首饰品种，作为二月生辰石和结婚六周年的纪念石，象征诚实和善良。黄晶在自然界产出较少，一般具有较高的透明度。紫黄晶由紫色和黄色两种颜色构成，有时形成明显的与菱面体生长区相关的色区，展现独特的美感。此外，粉色系的芙蓉石、棕褐色系的烟晶和稀少的绿水晶也是人们关注的热点。

　　水晶因含有特殊包裹体而呈现的金发晶、红发晶、绿发晶、银发晶、黑发晶等品种与中国传统文化中"发"字而寓意发财、发展、发达，启发人们对美好生活的向往。幽灵水晶品种"绿幽灵""白幽灵""黄幽灵""红幽灵"等中的包裹体颜色丰富，形态各异，如呈现多层的"金字塔绿幽灵"、绿色的绿泥石在无色透明的水晶中分布于一端的"聚宝盆"水晶等。草莓水晶因其包裹体在外观上似红色草莓而得名。水胆水晶在古代被认为是稀世之宝。在水晶中还可见美丽的特殊光学效应品种石英猫眼和星光水晶。

石英质玉家族中品种丰富，其中玉髓和玛瑙是人类历史上最古老的玉石品种之一，在国内外均有其相关记载。从五六千年前新石器时期的红山文化等遗址里挖掘到的石器可知，此时的古人已开始使用玉髓和玛瑙制作细石器；夏代，人们就开始将玉髓和玛瑙制作成简单的佩戴饰物；春秋战国时期，齐鲁大地及其周边地区开始流行玉髓和玛瑙制品；汉晋时期，在与周边国家的贸易中开始出现玉髓制品。在此后的各个时代，玉髓和玛瑙一直是人们心目中的珍宝，并用于制作各种艺术品和装饰品。

在国外，最早的玛瑙制品发现于爱琴海的早期文化，位于两河流域的古苏美尔人也很早就用玛瑙来制作饰品，古埃及人和古波斯人常用玛瑙制作饰品，用作代代相传的护身宝贝。

玉髓的颜色十分丰富，有白玉髓、黄玉髓、红玉髓、绿玉髓、蓝玉髓、紫玉髓等，其中颜色艳丽、质地细腻的玉髓是价值最高的。玛瑙具有特征纹带构造，主要源于玛瑙内部矿物组成和微观结构的变化，并在不同尺度上，通过透明度和颜色差异表现，具有独特的美感。天然玛瑙聚宝盆也被赋予了美妙的寓意，常被人们用作聚财、祈福、许愿的器物。风景碧石具有两种以上不同颜色的条带、色块交相辉映，犹如一幅美丽的自然风景画。东陵石具有砂金效应，常因含有不同颜色的致色矿物而呈现绿色、红色、蓝色和紫色等不同的颜色。密玉、贵翠、佘太翠和京白玉的产地意义、黄蜡石广泛分布显示我国丰富的玉石资源。还有交代成因的虎睛石、鹰睛石、硅化木和珊瑚玉，显示出石英质玉形成的多样性。

为适应我国珠宝市场的快速发展，撰写本书以满足广大宝玉石从业人员以及爱好者学习和掌握实用专业知识的需要。在撰写过程中，写作团队多次考察江苏东海、广东可塘及广州宝玉石产地或市场，并对国内外的各大珠宝展进行实地调研，掌握了水晶和石英质玉从开采、设计、加工到销售的系统过程和一手资料。在调研的基础上，与众多同行专家、研究机构、商家进行了深入的交流和探讨，系统查阅了发表和出版的有关论文及专著等研究成果。同时，还全面收集整理了北京菜市口百货股份有限公司（以下简称"菜百股份"）珍藏品的实物、图片和资料，归纳总结了业务与营销人员的实际鉴定、质量分级、挑选和销售的知识与经验。菜百股份董事长赵志良勇于开拓、锐意进取的精神，长期积极倡导与高校及科研机构在技术研究和产品开发方面的合作。菜百股份总经理王春利亲自带领员工到国内外宝玉石产地、加工镶嵌制作和批发销售的国家和地区进行调研，使菜百股份在技术开发和人才培养方面取得了很大进展。

本书对水晶和石英质玉的数十个品种的历史文化和专业知识进行了系统论述。主要内容包括历史与文化、宝石学特征、主要品种、产地与成因、质量评价、优化处理、合成和相似品的鉴别等方面的系统知识，体现了校企在宝玉石研究领域的合作研究取得的丰硕成果，读者通过阅读本专业权威书籍，辅以实物观察与市场考察，可以在赏心悦目中系统掌握专业知识及实用技能。

本书由何明跃、王春利负责撰写，其他参与人员有谢华萍、杨淮牟、宁才刚、薛姗娜、董振邦、吴金林、申俊峰、王雨薇、吕明星、王柏宇、李根、徐宜富、施爽、张红卫、周丹怡、陈晓蕾、吴禹彤、王亚兰等，他们主要来自中国地质大学（北京）珠宝学院和菜百股份等单位和机构。本书为科技部、财政部批准的国家科技资源共享服务平台（简称"国家平台"）"国家岩矿化石标本资源库"和"自然资源部战略性金属矿产找矿理论与技术重点实验室"的系列成果。

在本书的前期研究以及撰写过程中，我们得到了国内外学者、机构、学校和企业的鼎力支持，国家岩矿化石标本资源共享平台（http://www.nimrf.net.cn）提供了丰富的照片和资料；此外，还有众多国内外网站、机构和个人为本书提供了典型的水晶和石英质玉的原石、裸石、雕件及镶嵌首饰的图片，在此深表衷心的感谢。

目录
Contents

第一篇　水晶

第二篇　石英质玉

Part 1

第一篇

水晶

第一章
Chapter 1
水晶的历史与文化

第一节
水晶的名称由来

一、水晶的中文名称由来

水晶，中国最古老的称谓为"水玉"（或"水碧"），意谓"似水之玉"。中国先秦古籍《山海经》中记载："又东三百里，曰堂庭之山，多棪木，多白猿，多水玉，多黄金。""又南三百里，曰耿山，无草木，多水碧（郭璞注：亦水玉类），多大蛇。"《本草纲目》（李时珍，1518—1593年）中也有巧解："其莹如水，其坚似玉，故名水玉。"

水晶，另一古称为"水精"，最早见于佛书。据《成具光明定意经》（支曜译，约185年）记载："善明，闻佛授其封拜之名，则心净体轻，譬如琉璃水精中外洁净，一切无秽……"其后，《广雅》（张揖，？—254年）中巧解其为"水之精灵也"。

在古代，"精"与"晶"常互为通用。据《通雅》（方以智，1611—1671年）十一卷载："古精亦通晶，晶为星光。"但关于"水晶"一词最早的使用时间，迄今尚无据可查。《别雅》（吴玉搢，1698—1773年）中曾记载："水精，水晶也。……李白诗下却水精，亦同今但用水晶字耳。"《正字通》（张自烈，1597—1673年）也认为精与晶"古通今分也"。由此可见，"水晶"一词最早可能在清代时开始被真正使用。

二、水晶的英文名称由来

水晶的英文名称为crystal，源自古希腊语krystallos（κρύσταλλος，译作冰）。古代希腊人最初见到水晶时，发现它和石头一样坚硬，却又像冰一样晶莹剔透，因此认为水晶是石化了的冰。在拉丁语中，人们使用crystallus来表示水晶。古代欧洲人认为水晶是冰的化石，是上帝用冰创造的；古希腊哲学家亚里士多德也同样认为："水晶是冰，是根据神的意志变成的石头。"直到 1590 年，水晶的英文名称才正式确定为 crystal。目前，通常用 rock crystal 来特指天然水晶。

第二节
水晶的历史与文化

一、国内水晶的历史文化

在中国，人们对水晶的认识和利用历史悠久，其纯净透明的外观常被视作心地纯洁、坚贞不屈的象征。但人类早期大规模使用水晶的准确时间难以确定。据 1921 年北京周口店古人类文化遗址的考古挖掘证明，早在距今约 50 万年前的旧石器时代，古人就开始打造水晶石器（图 1-1）。

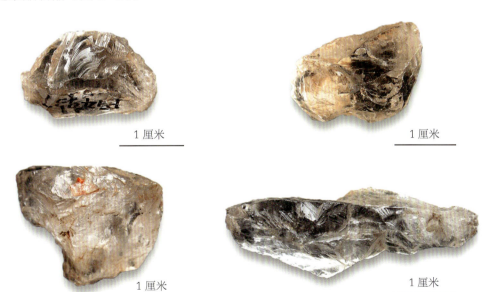

1 厘米

1 厘米

1 厘米

1 厘米

图 1-1　北京周口店遗址第一地点的水晶材质石器（石核）
（图片来源：国家岩矿化石标本资源共享平台）

新石器时代晚期（约公元前5000—前2000年），人们开始利用水晶制作简单的佩戴装饰物。1997—2000年，在广东珠海宝镜湾遗址中出土了新石器时代晚期的水晶玦（耳饰），制作精美（图1-2）。在安徽含山凌家滩遗址中曾出土水晶耳珰（图1-3）。

春秋时期（公元前770—前476年），水晶制品逐渐流行起来，多为信物和吉祥物，主要用于朝觐、盟约、婚葬、祭祀等。江苏吴县通安严山出土的一批春秋晚期吴国王室窖藏玉器，其中一串水晶珠串（图1-4）应是吴国贵族的项饰，无色透明，圆珠形，中贯孔，表面琢磨光滑，说明在当时水晶已被视为珍宝为贵族所使用。

战国时期（公元前475—前221年），随着制作技巧和抛光工艺的提高，人们开始使用水晶制作容器。1990年，浙江杭州半山镇石塘村战国墓出土的水晶杯（图1-5），高15.4厘米、口径7.8厘米、底径5.4厘米，表面无纹饰，透明的杯体外壁经过抛光处理，极为光滑，杯体中部和底部可见絮状结晶，制作精致。

图1-2 新石器时代晚期水晶玦
（图片来源：袁伟，2003）

图1-3 新石器时代晚期水晶耳珰
（图片来源：袁伟，2003）

图1-4 春秋晚期水晶珠串
（图片来源：袁伟，2003）

图1-5 战国时期水晶杯
（图片来源：袁伟，2003）

汉代（公元前206—公元220年），水晶制品的使用范围扩大，创新性增强。例如，水晶被镶嵌在高级剑具的剑首，称为"明珠标首"；水晶动物也风靡一时。河北邢台陈村刘迁墓出土的水晶剑首、剑格、剑璏和剑珌均反映了西汉时期水晶制品的雕琢工艺水平。

隋唐时期（581—907年），水晶的加工技术得到进一步提升，水晶制作的发饰及茶盅等制品遍及宫廷和民间。隋唐女性盛行高髻，髻上可插发钗等发饰，陕西西安李静训墓曾出土水晶钗（图1-6）。此外，1970年在西安何家村窖藏中出土唐代水晶八曲长杯（图1-7），呈椭圆形八曲莲瓣状，杯体凹凸分明，光滑透明，犹如一朵绽放的莲花，体现了唐代水晶精美绝伦的制作工艺。

图1-6　隋代水晶钗
（图片来源：摄于中国国家博物馆）

图1-7　唐代素面水晶八曲长杯
（图片来源：陕西历史博物馆提供）

辽宋金时期（907—1279年），可见水晶材质的器皿与黄金相结合的特色工艺（图1-8），同时水晶也作为女真族腰间佩戴的重要装饰品之一。1973年，黑龙江绥滨出土一件金代列鞢（图1-9），长方形金饰下方缀有一颗水晶球，球上下两端置鎏金银花托。此外，水晶的雕刻技艺进一步发展，在河北定州静志寺塔基地宫曾

图1-8　辽代金扣水晶刻花杯
（图片来源：摄于中国国家博物馆）

图1-9　金代列鞢（腰间佩饰）
（图片来源：摄于中国国家博物馆）

出土的宋代水晶鱼，长8厘米、宽2.5厘米、厚0.5厘米。鱼呈游动状，尾部上翘，端首部稍向下弯曲，后鳍由两侧向上扇动分开，圆眼，张口，其状栩栩如生（图1-10）。

明清时期（1368—1911年），水晶备受朝廷重视，大量宫廷用水晶制品涌现。明代官员用以束发的冠常作梁冠状，冠两侧各刻一孔用于插簪固定，而水晶是这一时期冠的重要材质之一（图1-11）。此外，明代工匠成功制作出水晶烛台（图1-12），这样的设计使"灯下黑"成了"灯下明"。清代的水晶器皿器具（图1-13~图1-16）也十分盛行。此外，清代水晶印玺用以彰显帝王将相的威仪，同治帝印玺"同治尊亲之宝"便用水晶雕刻而成，水晶也成为官员朝珠（图1-17）和顶戴上的一种标志。

中华人民共和国成立初期，国家将水晶列为稀有特种非金属矿产品和国防战略物资，高度重视，由国家统购统管。

图1-10　宋代水晶鱼
（图片来源：袁伟，2003）

图1-11　明代水晶七梁冠
（图片来源：摄于中国国家博物馆）

图1-12　明代水晶力士烛台
（图片来源：摄于中国国家博物馆）

图1-13　清代水晶茶壶
（图片来源：摄于中国国家博物馆）

图 1-14　清代水晶松花梅盖瓶
（图片来源：摄于中国国家博物馆）

图 1-15　清代水晶天鸡尊
（图片来源：摄于故宫博物院）

图 1-16　清代芙蓉石香炉
（图片来源：摄于故宫博物院）

图 1-17　清代朝珠中可见紫水晶配饰
（图片来源：摄于中国国家博物馆）

Crystal

二、国外水晶的历史文化

在国外的早期文明中，水晶同样享有盛誉。公元前约 3100 年，古埃及人相信水晶可以防止衰老，并将紫晶制成的凹雕宝石大量嵌在文物中。古希腊人相信紫晶可以防治中毒和醉酒，将水晶雕刻成可佩戴的装饰品。公元前约 800 年，生活在两河流域北部的亚述人开始将芙蓉石制作成珠宝饰品。亚述人和古罗马人很可能是最早佩戴这种宝石的人类，古罗马人曾使用芙蓉石作为印章来宣示主权。

13 世纪，在巴黎圣礼拜堂（Sainte-Chappelle）发现一枚制作于 212 年的罗马卡拉卡拉大帝紫晶凹雕吊坠（图 1-18）。为了将该画像改作圣人彼得（St Peter），在拜占庭时期，曾在其左边缘雕刻希腊字母。

中世纪和欧洲文艺复兴时期，水晶被用来雕刻成器皿提供给贵族和教会使用。欧洲的士兵因相信紫晶能治愈伤口并可以使人冷静，在战争中佩戴紫晶护身符。此外，在盎格鲁－撒克逊人的墓穴中发现紫晶珠子，在爱尔兰纽格兰奇和卡罗莫尔的公墓中也发现了大量的水晶制品。在欧洲和中东地区，水晶也曾被制作成浮雕宝石、花瓶和奢侈器皿，这一传统做法一直被延续至 19 世纪中期。意大利西西里岛的罗杰二世国王（Roger Ⅱ）曾赠予香槟伯爵提奥巴尔德二世（Theobald Ⅱ）一件带有金盖的水晶雕刻的水瓶（图 1-19），后于 1150 年其被捐赠给圣丹尼斯皇家修道院。此瓶身为采用法蒂玛王朝艺术进行雕刻的水晶，瓶盖采用意大利金银细丝工艺。此外，浮雕技术还被沿用在玛瑙等其他石英质玉石品种的加工中。到了英国的维多利亚时代

图 1-18 罗马卡拉卡拉大帝紫晶凹雕吊坠
（图片来源：Marie-Lan Nguyen, Wikimedia Commons, Public domain 许可协议）

图 1-19 带金盖的水晶瓶（高 24 厘米，藏于卢浮宫）
（图片来源：Marie-Lan Nguyen, Wikimedia Commons, Public domain 许可协议）

（1837—1901 年），可见用黄水晶制作的项链、胸针等饰品，深受当时皇室贵族的钟爱。

1727 年，巴西紫晶开始出现在欧洲市场上，风靡一时且价格昂贵。19 世纪后期是紫晶首饰的全盛时期，紫晶也成为各国皇族钟爱的宝石。1902 年，在德国杜塞尔多夫（Düsseldorf）举行的展览会上曾展出产自巴西南部圣克鲁斯（Santa Cruz）的大紫晶晶洞。

世界最大的天然无瑕水晶球藏于美国国立自然历史博物馆，其直径为 32.7 厘米，重达 48.5 千克，质地纯净、清澈如水，被誉为无价之宝（图 1-20）。其次，英国皇家空军博物馆收藏了一枚直径为 19.5 厘米的水晶球，被命名为"大公主"，也被专家视为稀世之宝。

图 1-20 世界最大的天然无瑕水晶球
（图片来源：Sanjay Acharya，Wikimedia Commons，CC BY-SA 3.0 许可协议）

第二章
Chapter 2
水晶的宝石学特征

第一节

水晶的基本性质

一、矿物名称

石英（Quartz）是自然界最常见的七种造岩矿物之一，通常未加特别说明的"石英"一词，即指 α－石英，其主要成分为二氧化硅（SiO_2）。二氧化硅在不同温度、压力条件下形成多种同质多象变体矿物，包括 α－石英（α-Quartz）、β－石英（β-Quartz）、鳞石英（Tridymite）、方石英（Cristobalite）、柯石英（Coesite）及斯石英（Stishovite）（图2-1），α－石英是石英族中最常见的一个矿物种。

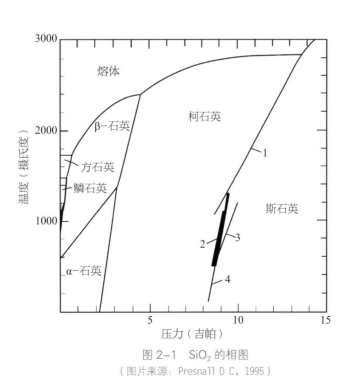

图 2-1　SiO_2 的相图
（图片来源：Presnall D C, 1995）

水晶的矿物名称为石英。在宝石学中，石英单晶体（可为双晶等规则连生）宝石统称水晶。根据其颜色、内部特殊包裹体特征、特殊光学效应可分为多个品种，如无色水晶、紫晶、黄晶、紫黄晶、芙蓉石、烟晶、绿水晶、发晶、幽灵水晶、草莓水晶、水胆水晶、石英猫眼及星光水晶等。

二、化学成分

水晶的化学成分主要为二氧化硅（SiO_2），可含有铝、铁、钛、锰、钙、镁、锂、钠、钾等元素，其中铁离子（Fe^{3+}）、铝离子（Al^{3+}）等能够以类质同象的形式取代硅离子（Si^{4+}），形成不同类型的色心，从而使水晶产生不同的颜色；锂离子（Li^+）、钠离子（Na^+）、钾离子（K^+）等大半径阳离子进入结构空隙平衡电荷。例如，紫晶是由铁离子（Fe^{3+}）引起的色心致色，烟晶是由铝离子（Al^{3+}）引起的色心致色。

石英单晶宝石和石英质玉在自然界分布广、产量大，主要原因在于石英的主要化学组成元素氧和硅在地壳中的含量（克拉克值）高。其中，氧含量最多（占总重量的48.6%），硅含量为第二位（占总重量的26.3%）。因此，石英矿物及其宝玉石品种的形成概率很高。

三、晶族晶系

水晶属于中级晶族，三方晶系。

四、晶体结构

在水晶晶体结构中，硅离子（Si^{4+}）为四面体配位，即每个硅离子均被四个氧离子（O^{2-}）包围，构成[SiO_4]四面体。每个硅氧四面体的四个角顶均与相邻四面体共角顶相连，并沿 c 轴（三次螺旋轴）方向上做螺旋状排列，空间排列呈三维架状结构（图 2-2）。

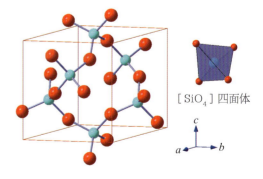

[SiO_4]四面体

图 2-2　水晶晶体结构示意图
（蓝球是硅离子，红球是氧离子）
（图片来源：秦善提供）

五、晶体形态

水晶常见长柱状晶体，其主要组成单形为六方柱 m { $10\overline{1}0$ }、菱面体 r { $10\overline{1}1$ } 和 z { $01\overline{1}1$ }，还可见三方偏方面体 x { $6\overline{1}51$ }（左形：x 面位于 m 面的左上角）或 x { $5\overline{1}61$ }（右形：x 面位于 m 面的右上角）及三方双锥 s { $2\overline{1}\overline{1}1$ }（左形：s 面条纹上端指向左上方）或 s { $11\overline{2}1$ }（右形：s 面条纹上端指向右上方）等（图 2-3）。两个菱面体 r { $10\overline{1}1$ } 和菱面体 z { $01\overline{1}1$ } 通常同时出现，其中有一个相对发育；当同等发育时，外观上与六方双锥状相似（实际为两个菱面体单形的聚形）（图 2-4）。水晶常可形成晶簇状（图 2-5）。

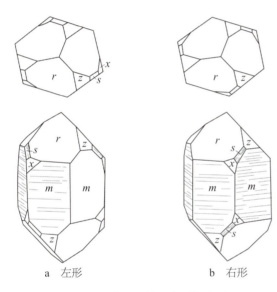

a 左形　　　b 右形

图 2-3　水晶晶体的左形与右形

图 2-4　由两个菱面体单形组成的水晶晶体
（图片来源：国家岩矿化石标本资源共享平台）

图 2-5　水晶晶簇
（图片来源：摄于中国地质博物馆）

水晶常出现双晶，通常可分为道芬双晶、巴西双晶、日本双晶等（图2-6）。

道芬双晶是以 c 轴为双晶轴，由两个左形或两个右形组成的贯穿双晶，双晶结合面呈不规则港湾状，柱面横纹不连续，缝合线弯曲（图2-7）。

巴西双晶是以（11$\bar{2}$0）为双晶面，由一个左形和一个右形组成的贯穿双晶，双晶纹不连续，缝合线呈平直、折线、直线状（图2-8）。

道芬双晶和巴西双晶整体外观与单晶体相似，但可依三方偏方面体（ x 面）的分布来识别和区分：如果 x 面绕 c 轴每隔60°出现一次，则为道芬双晶；若 x 面呈左右反映对称分布，则为巴西双晶。

日本双晶是以三方双锥晶面（11$\bar{2}$2）为双晶面构成的简单接触双晶，其晶轴夹角为84°33′（图2-9）。

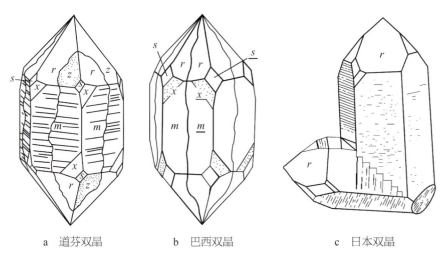

a　道芬双晶　　　　　b　巴西双晶　　　　　c　日本双晶

图2-6　道芬双晶、巴西双晶、日本双晶示意图

图2-7　道芬双晶晶体
（图片来源：Rob Lavinsky,
iRocks.com, Wikimedia Commons,
CC BY-SA 3.0 许可协议）

图2-8　巴西双晶晶体
（图片来源：Rob Lavinsky,
iRocks.com, Wikimedia Commons,
CC BY-SA 3.0 许可协议）

图2-9　日本双晶晶体
（图片来源：Rob Lavinsky,
iRocks.com, Wikimedia Commons,
CC BY-SA 3.0 许可协议）

六、晶面花纹

水晶晶体柱面常见有聚形横纹（图 2-10），这是因六方柱与菱面体单形交替生长而形成，有时在柱面和菱面体晶面上可见多边形蚀象。

图 2-10　水晶晶体中六方柱面上可见聚形横纹
（图片来源：国家岩矿化石标本资源共享平台）

第二节

水晶的物理性质

一、光学性质

（一）颜色

水晶常见无色、紫色、黄色、粉红色、不同程度的褐色至黑色等颜色，还可见紫色

和黄色出现在同一晶体中的双色水晶——紫黄晶。

（二）光泽

水晶具有典型的玻璃光泽，断口呈油脂光泽。

（三）透明度

水晶通常为透明至半透明。无色水晶具有很高的透明度，随着包裹体含量的增加或有色水晶颜色的加深，其透明度降低，甚至可至不透明，如黑色的墨晶。

（四）光性特征

水晶为一轴晶正光性，具有独特的中空的黑十字干涉图案，俗称牛眼状干涉图（图2-11）。因紫晶常具巴西双晶，可呈变形的螺旋桨状干涉图。

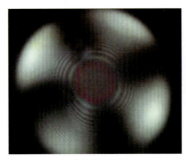
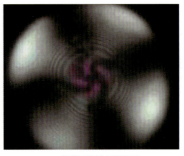

a　牛眼状干涉图　　　　　　　b　螺旋桨状干涉图

图 2-11　水晶的牛眼状干涉图和螺旋桨状干涉图

（图片来源：王长秋，张丽葵，2017）

（五）折射率

水晶的折射率较固定，为 1.544~1.553。

（六）双折射率

水晶的双折射率为 0.009。

（七）色散值

水晶的色散值为 0.013。

（八）多色性

无色水晶无多色性，有色水晶的多色性与体色深浅相关。颜色越深，多色性越明显，如深紫色的紫晶具有红紫—紫色或蓝紫—紫色的多色性；颜色越浅，多色性越不明显，如浅紫色的紫晶仅有微弱的浅褐紫—浅紫色的多色性，浅黄色水晶的多色性很弱。

（九）吸收光谱

水晶无特征的吸收光谱。

（十）发光性

水晶在紫外灯下，呈荧光惰性。

（十一）特殊光学效应

水晶可见猫眼效应，如石英猫眼；还有星光效应，如星光芙蓉石，其可见六射透射星光，不同于常见的星光效应（反射星光）。

二、力学性质

（一）硬度

水晶的摩氏硬度为 7，德国矿物学家弗雷德丽卡·莫斯（Frederich Mohs）将其定为矿物摩氏硬度计中硬度级别为 7 的标准矿物。

（二）密度

水晶的密度通常为 2.66（+0.03，−0.02）克 / 厘米^3。

（三）解理与断口

水晶无解理，具有典型的贝壳状断口。

三、其他性质

水晶的化学性质稳定，在常温常压下不溶于常用的酸、碱溶液。

水晶具有压电性。压电性是指当晶体受到定向压力或张力的作用时，能使晶体垂直于应力的两侧表面上分别产生等量的正负相反电荷的性质。

1886 年，法国科学家皮埃尔·居里（Pierre Curie）发现了水晶的压电效应，使得不具双晶的无色纯净水晶可广泛应用于科学技术领域。第一次世界大战期间，法国物理学家保罗·郎之万（Paul Langevin）利用石英压电效应的原理制成超声波探测器，使得法国海军有效探测到德国潜艇在海底的位置。1919 年，两名美国科学家制成石英谐振器。随着科学技术的发展，石英谐振器先后被广泛应用于无线电报、无线传真、无线电视、无线广播、卫星通信等设备领域。

第三章

Chapter 3

水晶的主要品种及其特征

天然水晶依据其颜色可分为无色水晶、紫晶、黄晶、紫黄晶、芙蓉石、烟晶（茶晶、墨晶）及罕见的绿水晶等品种；依据其内部特殊包裹体特征可分为发晶、幽灵水晶、草莓水晶、水胆水晶等品种；依据其特殊光学效应可分为石英猫眼、星光水晶等品种。

水晶的主要颜色品种及其特征

一、无色水晶

无色水晶（colorless crystal）指一种无色透明的水晶，有时也称白水晶。古人曾认为纯净透明的无色水晶为冰的化石，《格古要论》（作者生卒不详，书成于 1388 年）亦称"千年冰化为水精（晶）"，使得无色水晶有了"千年冰"的雅称。

无色水晶是水晶中最普遍、最广泛的品种，通常呈单个柱状晶体（图 3-1）或晶簇（图 3-2）产出，晶体可从几厘米到几米不等，大多作为美丽的矿物晶体观赏石，具有重要的科研价值。

图 3-1 无色水晶柱状晶体
（图片来源：国家岩矿化石标本资源共享平台）

图 3-2 无色水晶晶簇
（图片来源：国家岩矿化石标本资源共享平台）

 *Crystal*

无色水晶有丰富的表现形式，原料（图3-3）经加工可作为不同类型的戒面（图3-4），也常制作成手链、手镯、水晶球和各种器皿及雕件等。

图3-3　无色水晶原料

图3-4　椭圆形无色水晶戒面

无色水晶内部常含有气液包裹体、负晶及固态包裹体等。负晶是指在晶体生长过程中因晶格位错等缺陷产生的空穴被气液充填后又继续按原晶格方向结晶生长，形成与宿主矿物晶体形状相似的孔洞。

最好的无色水晶产自美国阿肯色州热泉地区、英国坎伯兰郡、瑞士圣哥达、巴西和马达加斯加。中国的无色水晶主要产自江苏、云南、广东、新疆等地。

二、紫晶

紫晶（amethyst）指一种浅紫色至深紫色、透明至半透明的水晶。在西方传统文化中，紫晶是二月生辰石和结婚六周年的纪念石，象征诚实和善良。在古希腊、古埃及以及英国皇室的首饰中，经常可见紫晶的身影。紫晶的英文名称来源于希腊语amethystos，意指"不醉人的"；还有学者认为其名称来源于古法语ametiste，后逐渐演变成现代法语améthyste。

紫晶的晶体一般没有无色水晶的晶体大，通常是在岩层裂隙或空洞中结晶生长形成晶洞（图3-5）或晶簇（图3-6），是非常重要的矿物晶体观赏石。当地壳中的热液流入岩层的裂隙或空洞，在一定的压力和温度下，附着岩壁缓慢结晶为颗颗紫色晶粒。晶洞中有时还会出现白色方解石、粉色菱锰矿等各种共生矿物。

图 3-5　紫晶晶洞
（图片来源：国家岩矿化石标本资源共享平台）

图 3-6　紫晶晶簇
（图片来源：严薇、孙雪莹摄于美国自然历史博物馆）

　　紫晶有丰富的表现形式，紫晶原料（图 3-7）经加工可作为不同类型的戒面（图 3-8），也常制作成项链、手链、水晶球和雕件等。

图 3-7　紫晶原料

图 3-8　椭圆形紫晶戒面
（图片来源：www.gemselect.com）

　　紫晶常呈现不同深浅程度的紫色。紫晶由于空穴色心而致色，少量的铁离子（Fe^{3+}）以类质同象的形式替代硅离子（Si^{4+}）从而产生空穴色心，对可见光进行选择性吸收，使水晶产生特有的紫色。

　　紫晶的多色性与其体色的深浅有关。浅紫色品种的紫晶多色性微弱，为浅褐紫色至浅紫色；深紫色品种的紫晶多色性较为明显，为红紫色至紫色或蓝紫色至紫色。

　　此外，紫晶的内部常可见"虎纹"或"斑马纹"（图 3-9），这是由于紫晶沿着菱面体的双晶或沿菱面体发

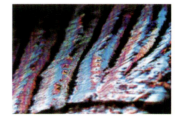

图 3-9　紫晶的"虎纹"
（也称"斑马纹"）
（图片来源：张蓓莉，2006）

生的部分间距愈合产生的，通常表现出深浅、明暗的差异。

紫晶的著名产地有巴西、乌拉圭、赞比亚、马达加斯加、美国、俄罗斯等地。中国的紫晶产地分布在山西、内蒙古、山东、河南、新疆等。

三、黄晶

黄晶（citrine）指一种淡黄色至橙色或红橙色、透明至半透明的水晶，常呈柱状单晶（图 3-10）或晶洞状（图 3-11）产出。黄晶的英文名称来源于拉丁语 citrus，意为"柠檬黄色"。

图 3-10　黄晶晶体
（图片来源：Parent Géry, Wikimedia Commons, Public domain 许可协议）

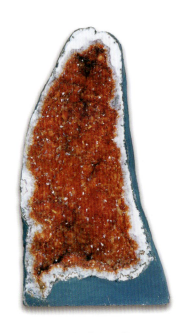

图 3-11　橙黄色的黄晶晶洞
（图片来源：国家岩矿化石标本资源共享平台）

黄晶有丰富的表现形式，黄晶原料（图 3-12）经加工可作为不同类型的戒面（图 3-13），也常制作成项链、手链、水晶球和雕件等。

图 3-12　黄晶原料

图 3-13　圆形黄晶戒面

黄晶常见的颜色有浅黄、黄色、橙黄色、褐黄色、红橙色等，有时可带绿色、棕色等其他颜色调。目前，经过学者的研究，大部分认为黄晶的颜色与其成分中微量的铁离子（Fe^{3+}、Fe^{2+}）以及结构水有关，或者由微量的铁和铝共同作用产生。

天然黄晶可见浅黄色至黄色的弱多色性；由紫晶或烟晶经过热处理而形成的黄水晶则没有多色性，若为紫晶经过热处理而成的可见其保留的紫晶色带。

黄晶在自然界产出较少，一般具有较高的透明度，通常与紫晶和无色水晶晶簇伴生。市面上流行的黄晶多数是由紫晶或烟晶加热处理而成（图3-14），也有一部分是合成黄晶（图3-15）。

黄晶著名的产地有巴西和马达加斯加，其他产地有斯里兰卡、乌拉圭、俄罗斯和美国等。中国的黄晶产地分布在新疆、内蒙古、云南等。

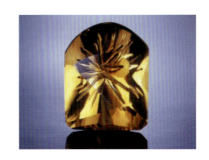

图3-14　紫晶经过低温热处理转化成黄晶

（图片来源：David Stanley Epstein，1988）

图3-15　俄罗斯合成黄晶

（图片来源：minerals.caltech.edu）

四、紫黄晶

紫黄晶（ametrine）也称"双色水晶"，是指由紫色和黄色共存于同一个晶体中的水晶。紫黄晶由紫色和黄色两种颜色构成，紫色和黄色形成各自的色斑或色块，有时形成明显的与菱面体生长区相关的色区（图3-16），有时则两者没有明显的界线（图3-17）。

图3-16　紫黄晶晶体横截面

（巴西双晶引起的交替生长色区）

（图片来源：Rob Lavinsky，iRocks.com，Wikimedia Commons，CC BY-SA 3.0 许可协议）

图3-17　六边形紫黄晶戒面

（图片来源：摄于中国地质博物馆）

图 3-18　长方形紫黄晶戒面
（图片来源：www.gemselect.com）

图 3-19　椭圆形紫黄晶戒面
（图片来源：www.gemselect.com）

紫黄晶有丰富的表现形式，紫黄晶原料经加工可作为不同类型的戒面（图 3-18、图 3-19），也常被制作成项链、手链和雕件等。

天然的宝石级紫黄晶只产于玻利维亚东南部的安纳西（Anahi）矿。16 世纪，一个西班牙征服者首次发现了这个紫黄晶矿床，并且因为娶了当地的安纳西公主而获得该矿床的所有权，因此该矿床以公主的名字命名。此后，他将产于此矿床的水晶献给西班牙皇后，并介绍给当时的欧洲人。在之后的近 3 个世纪，由于安纳西矿床地理位置偏远，地处两山之间，交通极为不便利而未被开采。20 世纪 60 年代，随着小型飞机的出现及便利的交通道路的开通，这个紫黄晶矿床开始被大量开采使用，到了 70 年代，安纳西矿的紫黄晶出现在市场上。此外，该矿床也同时产出紫晶和黄晶等其他品种的水晶。

紫黄晶可由天然紫晶或合成紫晶经过热处理而形成，目前合成紫黄晶尚难以用肉眼与天然的进行区别。

五、芙蓉石

芙蓉石（rose quartz）又称"蔷薇水晶""玫瑰水晶"或"粉水晶"，指一种浅粉色至蔷薇红色的水晶。目前，关于芙蓉石最早的记录是在两河流域的美索不达米亚（今伊拉克境内）地区，当地的人们发现了公元前 7000 年磨制的芙蓉石珠形石器。

芙蓉石的自形单晶体十分少见（图 3-20），通常为致密块状（图 3-21），透明度较低，多呈云雾状或半透明状。

图 3-20　芙蓉石自形晶体
（图片来源：Rob Lavinsky, iRocks.com, Wikimedia Commons,
CC BY-SA 3.0 许可协议）

图 3-21　芙蓉石呈致密块状
（图片来源：摄于中国地质博物馆）

芙蓉石有丰富的表现形式，芙蓉石原料（图3-22）经加工可作为不同类型的戒面（图3-23），也常制作成手链、戒指和雕件等。

图3-22　芙蓉石原料

图3-23　椭圆形芙蓉石戒面

芙蓉石常见的颜色有浅粉色、粉色和玫瑰红色，颜色多呈云状、斑纹状或条纹状分布。芙蓉石的颜色由成分中微量的锰和钛元素所致，但其颜色并不稳定，若经过长时间日晒可使颜色变淡，加热则可褪色。芙蓉石因自身体色较浅，通常多色性表现不明显，可呈较弱的无色至浅粉色。

芙蓉石的内部可含有针状金红石或蓝线石包裹体，当磨制成弧面宝石时可显示星光效应，通常可见六射星光效应。

最优质的芙蓉石多产自巴西，其他著名的产地主要有印度、斯里兰卡和马达加斯加。中国的芙蓉石在山西、青海、新疆、内蒙古、吉林、云南等地也有产出。

六、烟晶

烟晶（smoky quartz），指一种浅棕褐色至深棕褐色或黑色、透明至不透明的水晶。其中，颜色呈浅棕褐色至棕褐色的烟晶被称为"茶晶"（图3-24）。此外，颜色很深近于黑色的烟晶又被称为"墨晶"（图3-25）。

烟晶具有丰富的表现形式，烟晶原料（图3-26）经加工可作为不同类型的戒面

图3-24　带有褐色调的烟晶（茶晶）晶体
（图片来源：摄于中国地质博物馆）

图3-25　颜色近于黑色的烟晶（墨晶）晶体
（图片来源：摄于中国地质博物馆）

（图 3-27），也常制作成项链、手链和雕件等。

图 3-26 烟晶原料

图 3-27 各式烟晶戒面
（图片来源：www.navneetgems.com）

　　烟晶常见的颜色有烟黄色、棕褐色、深棕褐色和黑色等，有时可带有黄褐色调。烟晶的颜色由其成分中微量的铝元素所致，铝离子（Al^{3+}）以类质同象的形式替代硅离子（Si^{4+}）。

　　烟晶的多色性呈浅褐色—烟褐色、褐色—棕色。烟晶的内部可含有丰富的气液包裹体和金红石包裹体。

　　烟晶的著名产地是瑞士境内的阿尔卑斯山，其他产地还有巴西、马达加斯加、美国等。我国的烟晶主要分布于新疆、江苏、内蒙古、四川、浙江、福建、河南、山西等地。

七、绿水晶

　　绿水晶（green quartz）指一种绿色至黄绿色、透明至半透明的水晶。绿水晶原料（图 3-28）经加工可作为不同类型的戒面（图 3-29）。

图 3-28 绿水晶原料

图 3-29 椭圆形绿水晶戒面

绿水晶多呈淡绿色、黄绿色、苹果绿色，其颜色与成分中二价铁离子（Fe^{2+}）有关。

天然产出的绿水晶极为稀少罕见，在美国加利福尼亚州与内华达州的边界，里诺北部的玄武－安山岩岩体的碎屑层中曾发现了数量极少的天然绿水晶，与紫晶和黄晶伴生（图3-30）。目前，珠宝市场上几乎不存在天然产出的绿水晶，常见的绿水晶是紫晶在加热成黄水晶过程中出现的中间产物，此外还可见辐照绿水晶和合成绿水晶（图3-31）。

图3-30 紫晶（3.77克拉）、绿水晶（4.99克拉）和黄晶（5.74克拉）戒面
（图片来源：Thomas R.Paradise, 1982）

图3-31 合成绿水晶晶体
（图片来源：minerals.caltech.edu）

第二节

水晶含特殊包裹体的品种及其特征

水晶中通常可见丰富的包裹体，主要有流体包裹体（如气液两相或气液固三相包裹体）、负晶以及金红石、电气石、阳起石、绿泥石、石榴子石、赤铁矿、褐铁矿（针铁矿）、板钛矿等多种固态包裹体。金红石多呈金黄色、褐色—褐红色，偶见银白色；电气石多呈棕褐色、黑色、蓝色；阳起石则多呈浅黄绿色至绿色。

依据其内部含有的包裹体特征的不同，水晶可划分为发晶、幽灵水晶、草莓水晶、水胆水晶等品种。

一、发晶

发晶（rutilated quartz）指内部含有大量或较多的肉眼可见的纤维状、草束状、针状、丝状、放射状等形态的固态包裹体的水晶。当针状晶体较粗时，也被称为"鬃晶"。发晶的产地有美国、赞比亚、马达加斯加、巴西、印度等，其中以巴西和印度出产的最为优质。此外，在中国的广东、新疆、内蒙古等地也有产出。

在中国传统文化中，发晶因为"发"字而具有发财、发展、发达之意，启发人们对美好生活的向往。在西方，发晶被认为可以增强人的自信力和决断力。

根据发晶的内部包裹体颜色及形态的不同可分为六个基本品种。

（一）金发晶

金发晶是指内部含有金黄色丝状、针状金红石（TiO_2）包裹体的水晶，是水晶中的珍贵品种（图3-32）。

图3-32　金发晶晶体
（图片来源：Rob Lavinsky, iRocks.com, Wikimedia Commons,
CC BY-SA 3.0 许可协议）

当水晶底色为白色或茶色，内部金红石包裹体具有较深的金黄色，呈较粗的针状、片状或板状时，商业上称其为"钛晶"（图3-33、图3-34），是发晶中最珍贵的品种。当内部金红石包裹体呈丝状平行排列时则被称为"顺发晶"（图3-35、图3-36）。

图 3-33 "钛晶"挂件
（图片来源：晶西缘提供）

图 3-34 具有片状金红石包裹体的"钛晶"
（图片来源：晶西缘提供）

图 3-35 "顺发晶"挂件
（图片来源：精工晶舍提供）

图 3-36 具有丝状金红石包裹体的"顺发晶"
（图片来源：晶西缘提供）

（二）红发晶

红发晶是指内部含有肉眼可见的密集分布的褐红色金红石包裹体的水晶（图 3-37）。

红发晶主要包括两种：一种是内部含有褐红色的针状、板状金红石包裹体的水晶，商业上称为"铜发晶"（图 3-38、图 3-39）；另一种是内部含极细纤维状金红石包裹体呈穿插网状分布的水晶，如同细密柔软的红色发丝缠绕在其中，颜色多数呈橙红色至暗褐红色，商业上称为"红兔毛""维纳斯水晶"（图 3-40、图 3-41）。

图 3-37 红发晶晶体
（图片来源：国家岩矿化石标本资源共享平台）

图 3-38 "铜发晶"戒面
（图片来源：摄于中国国家博物馆）

图 3-39 "铜发晶"内可见褐红色针状金红石包裹体
（图片来源：精工晶舍提供）

图 3-40 "红兔毛"雕件
（图片来源：国家岩矿化石标本资源共享平台）

图 3-41 "红兔毛"内可见纤维状金红石包裹体
（图片来源：精工晶舍提供）

（三）绿发晶

绿发晶是指内部含有绿色针状、纤维状包裹体的水晶，通常为暗绿色阳起石、绿色电气石等。包裹体通常无定向分布，若内部包裹体呈现大量极细纤维状时可使水晶整体呈现绿色（图 3-42、图 3-43）。

图 3-42 绿发晶挂件
（图片来源：精工晶舍提供）

图 3-43 绿发晶内可见无定向纤维状包裹体
（图片来源：精工晶舍提供）

（四）银发晶

银发晶是指内部含有银白色针状、纤维状包裹体的水晶，通常为白色或浅色的金红石（图 3-44、图 3-45）。

图 3-44　银发晶挂件
（图片来源：精工晶舍提供）

图 3-45　银发晶内可见银白色针状包裹体
（图片来源：精工晶舍提供）

（五）蓝发晶

蓝发晶是指内部含有蓝色针状、放射状包裹体的水晶，通常为蓝线石、蓝色电气石等（图 3-46、图 3-47），市场上非常少见。

图 3-46　蓝发晶戒面
（图片来源：精工晶舍提供）

图 3-47　蓝发晶内可见放射状包裹体
（图片来源：精工晶舍提供）

（六）黑发晶

黑发晶是指内部含有黑色针状包裹体的水晶，通常为黑色电气石等（图 3-48、图 3-49），市场较为常见。

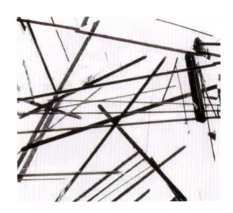

图 3-48　黑发晶手串

（图片来源：精工晶舍提供）

图 3-49　黑发晶内可见长针状包裹体

（图片来源：精工晶舍提供）

二、幽灵水晶

幽灵水晶（multi-inclusions Crystal）是指在无色或浅色的透明晶体内含有绿色或其他颜色矿物质的水晶，商业上又称为"幻影水晶"（phantom crystal）、"异象水晶"（图 3-50）。

图 3-50　幽灵水晶内可见绿色、红色包裹体

在水晶晶体的生长初期，有时因溶液组分供应不足而使正在形成的晶体生长缓慢或暂停生长，与此同时，外来杂质如细小的绿泥石矿物、气泡等会附着于水晶停止生长的晶面上，其后，过饱和溶液组分供应使晶体继续生长并包裹外来杂质由此形成幽灵水晶。幽灵水晶中深绿色至灰绿色的包裹体通常为绿泥石，含铁量越高颜色越深，有时因蚀变而呈浅黄色或黄白色等；白色的包裹体多为白云石或白色的黏土矿物；黄色、红色的包裹体主要是火山灰形成的泥质包裹体。

幽灵水晶包括"绿幽灵""白幽灵""黄幽灵""红幽灵"等品种，其包裹体颜色丰富、形态各异（图3-51）。当内部有多种颜色的包裹体同时存在时也可称为"花幽灵"。

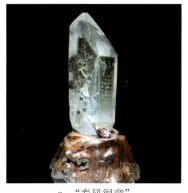

a "春风得意"　　　　　b "伟大领袖"　　　　　c "一念之间"

图3-51　不同颜色的幽灵水晶雕件
（图片来源：曹志涛提供）

幽灵水晶中以"绿幽灵"最受欢迎。"绿幽灵"指内部含有大量或较多细小鳞片状、球粒状、蠕虫状等形态绿泥石包裹体的水晶。绿泥石常常附着在停止生长的水晶晶面上，形成幽灵水晶，呈现多层的金字塔形状，在市场上也被称为"金字塔绿幽灵"（图3-52）。若绿色的绿泥石在无色透明的水晶中分布于一端，在市场上也被称为"聚宝盆"水晶（图3-53），寓意"聚财聚气"。

图3-52　金字塔"绿幽灵"水晶　　　　图3-53　"聚宝盆"水晶
（图片来源：精工晶舍提供）　　　　（图片来源：晶西缘提供）

幽灵水晶的主要产地有巴西、非洲等。我国的绿幽灵水晶以江苏东海县最为丰富，其次是云南、北京西山等地。

三、草莓水晶

草莓水晶（strawberry quartz）指内部含有红色条带状、叶片状、甲虫腿状等不同形态的赤铁矿包裹体的水晶，因其包裹体在外观上似红色草莓而得名"草莓水晶"（图3-54）。

图3-54　草莓水晶晶簇

（图片来源：国家岩矿化石标本资源共享平台）

在水晶中赤铁矿颜色可呈橘红色、艳红色、深红色，半透明至透明。赤铁矿包裹体的形态可呈片状、条带状和甲虫腿状等（图3-55）。

a　片状　　　　　　　　b　条带状　　　　　　　　c　甲虫腿状

图3-55　草莓水晶内可见片状、条带状、甲虫腿状的赤铁矿包裹体

（图片来源：范筠，2014）

四、水胆水晶

水胆水晶（water-bladder crystal）指在透明水晶晶体内部含有肉眼可见的、较大

的液态包裹体的一种水晶（图 3-56）。在古代，稀少、罕见的水胆水晶又被称为"滴翠""滴翠珠"，被认为是稀世之宝。《梦溪笔谈》（沈括，1031—1095 年）中记载："士人宋述家有一珠，大如鸡卵，微绀，莹澈如水。手持之，映日而观，则末底一点凝翠，其上色渐淡。若回转，则翠处常在下，不知何物，谓之滴翠。"

图 3-56　具有明显液态包裹体的水胆水晶挂件
（图片来源：精工晶舍提供）

　　有些大型水胆水晶，当轻轻晃动水晶时，其内部的液态包裹体可移动，并能发出水的响声。水胆水晶因其晶体生长速度较快，将岩浆热液、水溶液以及碳酸溶液等包裹在水晶晶体中而形成。

　　世界出产水胆水晶的国家有巴西、美国、马达加斯加、赞比亚、纳米比亚和印度。中国的云南、河南、辽宁、内蒙古、新疆等地也有发现。

五、石英猫眼

　　猫眼效应是指在平行光线照射下，以弧形切磨的某些珠宝玉石表面呈现的一条明亮光带，该光带随样品或光线的转动而移动或张合的现象。

图 3-57　褐黄色的石英猫眼

　　当水晶晶体中含有大量平行排列的纤维状（如石棉纤维）、针管状或片状包裹体时，会使其弧面宝石表面显示猫眼效应，称为石英猫眼或水晶猫眼（quartz cat's eye），又被称为"勒子石"。石英猫眼常见褐黄色（图 3-57）和灰绿色（图 3-58）等颜色。

　　石英猫眼主要产于斯里兰卡、印度和巴西。中国的石英猫眼主要产于新疆、湖南、广西和江苏等地。

图 3-58　灰绿色的石英猫眼
（图片来源：www.gemselect.com）

六、星光水晶

　　星光效应是指在平行光线照射下，以弧形切磨的某些珠宝玉石表面呈现两条或两条以上交叉亮线的现象。

当水晶中含有三组相互呈 60° 角交叉定向排列的针状、纤维状包裹体时，其弧面宝石表面可显示星光效应，称为星光水晶（star quartz）。

在乳白色水晶、芙蓉石（图 3-59）、黄晶（图 3-60）中可出现星光效应，通常为六射星光。在极个别情况下，同一水晶内部因两套星光的角度略微错开而出现十二射星光。

图 3-59　星光芙蓉石手串
（图片来源：东海水晶灵玉阁提供）

图 3-60　星光黄晶戒面

第四章

Chapter 4

水晶的优化处理、
合成及相似品的鉴别

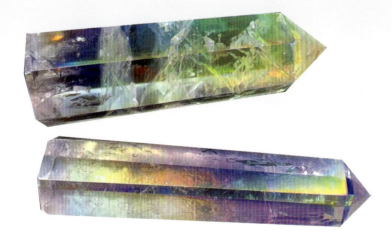

天然的宝石级水晶虽然总体产量较大，但就有色水晶而言，其价值因颜色不同而存在较大差异，优质天然有色水晶的产量仍远远不能满足市场的需求。因此，随着水晶优化、处理及合成技术的进步和日趋成熟，市场上开始出现优化处理水晶及合成水晶，例如，为了增加经济价值及更好地满足市场需求，部分黄色、紫色等价值较高的水晶是通过颜色改善而成的。同时，市场上水晶的相似品和仿制品也十分常见。

第一节

水晶的优化处理及其鉴别

优化处理（enhancement）是指除了切磨、抛光，用于改善珠宝玉石的外观（颜色、净度或特殊光学效应）、耐久性或可用性的所有方法。优化处理又可进一步划分为优化（enhancing）和处理（treating）两类。优化是指传统的、被人们广泛接受的使珠宝玉石潜在的美感显示的各种改善方法，如水晶的热处理改色；处理是指非传统的、尚不被人们接受的各种改善方法，如水晶的染色与覆膜处理。

水晶的优化处理方法主要有热处理、辐照处理、染色处理、充填和覆膜处理。

一、热处理

热处理是将宝石放置在可控气氛和温度的加热设备（电阻箱、马弗炉、石墨管炉等）中，添加不同的化合物或充填物、选择不同的温度范围、气氛条件（氧化、还原、中性）、加热速率（升温、冷却）及恒温时间对宝石进行处理，使宝石的颜色、透明度、净度、光学效应等外观特征得到明显改善。经热处理后，宝石的颜色相对稳定。

热处理可以破坏或消除有色水晶中不稳定的空穴色心，从而改变水晶的颜色。例如，加热会使紫晶的空穴色心 $[FeO_4]^{4-}$ 遭到破坏，紫晶褪色成无色，继续加热会使三价铁离子（Fe^{3+}）的 3d 电子产生跃迁而呈现黄色，若存在二价铁离子（Fe^{2+}）也可能呈现稀少的绿色。

热处理多用于一些颜色较差的水晶，如深色紫晶加热后颜色变浅，并可去除烟色色调；紫晶加热转变成黄晶和绿水晶；有些烟晶通过加热转变成带绿色调的黄色水晶等。一般情况下，热处理的水晶类宝石颜色稳定，肉眼不易检测。放大观察其内部包裹体周围可见因热应力作用而出现的微细放射状裂纹。

二、辐照处理

辐照处理是利用辐照源的带电粒子（加速电子、质子）或 γ 射线辐照宝石，通过带电粒子或 γ 射线与宝石中离子、原子或电子的相互作用，最终在宝石中形成电子－空穴色心或离子缺陷色心。辐照的本质是提供激活电子、晶体结构中的离子或原子发生位移的能量，从而在被辐照宝石中诱生辐照损伤心，进而产生颜色或改变颜色。

白水晶在受到辐照后产生空穴色心可呈现烟色甚至黑色（图 4-1）。

图 4-1　未经辐照的白水晶与经过 γ 辐照（^{137}Cs）处理变成墨晶
（图片来源：minerals.caltech.edu）

含铝元素的无色水晶辐照后转变成烟晶，通常颜色分布不均匀。芙蓉石辐照后可加深颜色，颜色稳定，肉眼不易检测。黄晶辐照后产生的紫晶，通常颜色发暗，透明度差，无色带。

辐照绿水晶的色带或生长纹多呈两组或两组以上相交的形式出现，交角近于 90° 或 120°；内部常见气液两相包裹体、气液固三相包裹体、矿物包裹体、负晶等；在偏光显微镜下，常见由巴西双晶引起的螺旋桨状干涉图。辐照绿水晶的红外光谱表现为 5212 厘米$^{-1}$和 4455 厘米$^{-1}$附近强且宽的吸收谱带，以及（3000~2000）厘米$^{-1}$处一系列弱的吸收峰（图 4-2）。

Crystal

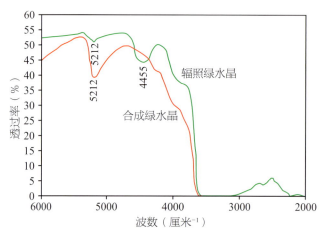

图4-2　辐照绿水晶与合成绿水晶的红外吸收光谱（马永旺、陆太进等，2011）

三、染色处理

染色处理主要是选用一些不易褪色的无机和有机染料，采用淬火炸裂的方法，将颜色较浅的水晶用粉色或其他颜色的染料浸入裂隙中，染成各种颜色，俗称"爆花晶"，可用来仿冒碧玺等中高档宝石（图4-3）。

染色处理的耐久性在较大程度上取决于所选用的染色剂和染色处理方法（温度、时间、压力、浓度、pH值、固色剂等）及待染色宝石的性质。一般而言，天然有机染色剂稳定性较差，经过一段时间容易褪色或变色，苯胺类等人造有机染料或金属盐则相对稳定。一些化学性质稳定的无机染色剂，如铬盐、铁盐、镍盐、钴盐、铜盐等常被用于宝石的染色处理。

对于染色处理的水晶，放大检查可见明显的炸裂纹，颜色分布不均匀，多在裂隙或表面凹陷处富集；长、短波紫外线下，可见有机染料引起的特殊荧光。

图4-3　染色处理水晶手串
（图片来源：郑秀兴提供）

四、充填处理

充填处理是指在一定条件下（如真空、加压、加热等），采用各种充填材料（如人造树脂、玻璃等），充填水晶的表面空洞和裂隙，以改善外观和耐久性的方法。放大检查可见充填物出露部分表面光泽与主体宝石存在差异，充填处可见闪光、气泡；红外光谱测试显示充填物的特征峰；发光图像分析（如紫外线观察仪等）可观察充填物分布状态。

在市场上也有同时经过染色与充填处理的水晶用于仿制天然的发晶，在显微镜下可观察到样品出露表面的长针状或管状孔道内充填有色物质，多数充填物凹陷于主体表面，充填部位与主体光泽有差异。此外，可观察到充填物颜色异常，有色充填物质沿达表面的孔道进入晶体内部，形似有色矿物包裹体，并可观察到同一孔道内有色充填物分布不均匀，部分颜色呈深浅差异（图4-4、图4-5）。

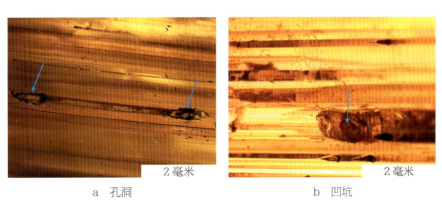

a 孔洞   2毫米

b 凹坑   2毫米

图4-4 仿发晶表面的不规则孔洞
（图片来源：邢碧倩，2019）

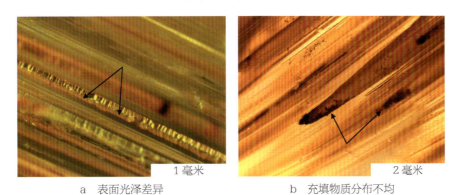

a 表面光泽差异   1毫米

b 充填物质分布不均   2毫米

图4-5 仿发晶管壁内侧的螺旋纹和尖端不完全填充
（图片来源：邢碧倩，2019）

五、覆膜处理

覆膜处理是一种表面处理方法，用涂、镀等方法在珠宝玉石表面覆着薄膜，以改变珠宝玉石的光泽、颜色、产生特殊光学效应或对珠宝玉石起到保护作用。通常包括涂覆和镀膜两种方法，其中涂覆采用一些无色或有色人造树脂材料均匀地附着在宝石表面，以期改变或改善宝石的视觉颜色及表面光洁度，或掩盖宝石表面的坑、裂、擦痕等缺陷。镀膜采用沉淀、溅射、喷镀技术，以期改变或改善宝石的视觉颜色或增强表面光洁度（图4-6）。

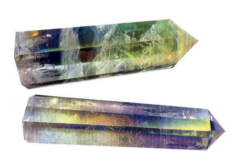

图4-6　镀膜处理水晶棱柱
（图片来源：符劲奋提供）

覆膜处理的水晶可以通过表面光泽的异常和折射率的差异加以鉴别。此外，覆膜层的硬度一般较低，放大检查可见局部薄膜脱落现象；红外光谱和拉曼光谱测试显示膜层特征峰。

第二节

合成水晶及其鉴别

一、合成水晶的历史

17世纪，随着物理、化学和矿物学等学科的创立和发展，人们逐步认识到宝玉石物理、化学等方面的性质特征，为人工合成宝玉石奠定了理论基础。

水晶的合成技术始于19世纪中期。1845年，德国地质学家卡尔·沙夫豪森（Karl Emil von Schafhäutl）首次在压力锅内成功合成了在显微镜下可见的微晶水晶。1849年，多雷（Dauhree）用氯化硅制得了微小水晶。1851年，塞纳芒（Sénarmont）将稀盐酸（或二氧化碳）加入凝胶状二氧化硅中，将其加热到 200~300℃后制得了微小的水晶片。

1905 年，意大利科学家斯佩齐亚（Spezia）注意到了水晶在碱溶液中的溶解度随温度的增高而增大的性质。因此，他利用天然水晶籽晶，在 2% 的硅酸钠（Na_2SiO_3）溶液中，获得了长 14 毫米的透明人工合成水晶，开创了利用籽晶合成水晶的新时代。

1936 年，德国矿物学家理查德·纳肯（Richard Nacken）以斯佩齐亚的研究为基础，发明了将高压釜保持在恒温下使晶种生长的水热恒温法，成功合成了能应用在通信设备领域的人工水晶。

第二次世界大战期间，军事战争对水晶需求量的急剧增加，使得世界各国都深感天然水晶产量的不足，促使人们开始对合成水晶进行更为深入的研究。美国以理查德·纳肯的研究成果为基础，以美国信号队为中心，组成了包括明尼苏达大学、华盛顿大学等高校、贝尔实验室等研究所的研究组，开始了水晶生长工业化方面的研究。

1946 年，贝尔实验室沃克（Walker）、布勒（Buehlor）、劳迪斯（Laudise）、包尔曼（Ballman）等研究发现水热温差法的优越性，与水热恒温法相比，其更适合合成水晶的商业化大量生产。

1958 年，我国开始了水热法合成水晶的研究，于 1964 年投入试生产。

20 世纪 70 年代，苏联合成了黄晶和紫晶，使合成水晶正式进入珠宝行业。

二、水热法合成水晶

水热法，又称"热液法"，是指在特制的密闭反应容器（高压釜）里（图 4-7、图 4-8），采用水溶液作为反应介质，通过对反应容器加热，创造一个高温、高压的反应环境，使通常情况下难溶或不溶的物质溶解并重结晶，由此形成晶体的方法。

（一）生长机理

水热法合成水晶在高压釜内进行。高压釜可分为两个区域，分别是放置籽晶架的生长区（位于高压釜的上半部）和放置

图 4-7　水热法合成水晶高压釜厂房
（图片来源：摄于中材人工晶体研究院有限公司）

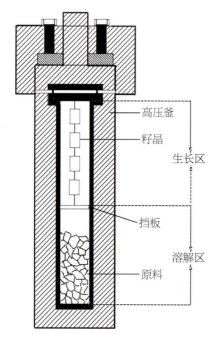

图 4-8　水热法合成水晶装置示意图

熔炼石英的溶解区（位于高压釜的下半部），在生长区和溶解区之间放置一个具有一定开孔率的挡板，两区之间可形成一定的温度差。在高压釜内装入具有一定浓度的碱性溶液（矿化剂），达到设计的充填度（压力是通过充填度来控制的），经密封后加热，控制加热过程使下半部溶解区的温度高于上半部生长区的温度，引起溶液的对流。随着温度的升高，石英溶解度加快，由于上、下部分的温差，位于溶解区的二氧化硅饱和溶液随着对流作用被带入生长区，在生长区较低的控制温度下，溶解区的二氧化硅饱和溶液在生长区变成过饱和溶液，在籽晶上面析出结晶，再通过对流作用，使上部温度较低的溶液转移到溶解区形成不饱和溶液，再次溶解熔炼石英，如此循环往复，直至原料耗尽，水晶停止生长。

（二）基本装置、合成条件

水热法的基本装置包括高压釜、加热器、控温部分等。

高压釜是一个耐压、耐热、耐腐蚀的圆形钢筒，端盖可以打开及密封。高压釜材料一般是高强耐热、抗腐蚀性好、抗蠕变性强的特种合金钢。加热器一般采用电阻丝加热，把炉丝绕在绝缘支架上，与保温材料做成外套；根据高压釜内需要形成温度梯度的要求，采用可控硅自动控温仪供电加热，在保证温度梯度的基础上，保证控制精度（±0.5℃）。水热法生长的水晶是 α-石英。由于 α-石英在573℃时会转变成 β-石英，所以水热法生长水晶的温度应低于573℃。通常生长区的温度为 300~340℃，温度梯度为 20~60℃。

对于合成水晶而言，常用的矿化剂溶液为碱性溶液，通常合成无色水晶使用氢氧化钠（NaOH）和碳酸钠（Na_2CO_3）作矿化剂，而合成彩色水晶使用氢氧化钾（KOH）和碳酸钾（K_2CO_3）作矿化剂，如合成紫晶使用质量分数为 5% 的（K_2CO_3+KOH）溶液作矿化剂。

（三）水热法合成水晶的鉴定特征

1. 外部特征

与天然水晶相比，合成水晶的晶体常呈六方板柱状，晶面常具有鱼鳞状生长纹

图中标注：高压釜、籽晶、生长区、挡板、溶解区、原料

（图 4-9）。无色合成水晶具有较高的透明度（图 4-10），彩色合成水晶的颜色则均匀分布（图 4-11）。

图 4-9　具有鱼鳞状生长纹的水热法合成水晶
（图片来源：国家岩矿化石标本资源共享平台）

图 4-10　具有较高透明度的水
热法合成水晶
（图片来源：摄于中材人工晶体研究
院有限公司）

a　合成紫晶原料　　　b　心形合成紫晶戒面　　　c　合成黄晶原料　　　d　垫形合成黄晶戒面

e　合成绿水晶原料　　f　心形合成绿水晶戒面　　g　合成蓝色水晶原料　　h　水滴形合成蓝色
水晶戒面

图 4-11　彩色合成水晶颜色均匀分布
（图片来源：深圳市罗湖区景时珠宝行提供）

2. 内部特征

合成水晶内部可见种晶板，种晶板与后期生长的水晶之间存在清晰的界限和颜色差异（图 4-12）。在种晶板的附近还常出现细小、呈弯折状的应力裂纹，与种晶板呈一定夹角排列。

合成水晶放大观察可见其内部有由微小的锥辉石和石英微晶核组成的面包渣状包裹

体（图 4-13）。面包渣状包裹体可能来源于那些未溶解的原料，其数量与晶体生长环境的稳定性有关。当水晶生长条件较稳定时，面包渣状包裹体较少，可出现单个或几个；当水晶的生长条件不稳定或生长阶段发生中断时，在平行于种晶板的一些平面内会出现大量面包渣状包裹体。

图 4-12　具有种晶板的水热法合成紫晶
（图片来源：Vladimir S. Balitsky et al., 2004）

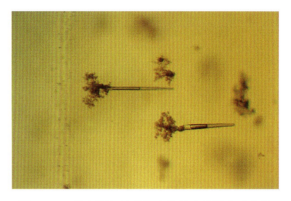

图 4-13　具有面包渣状包裹体的水热法合成水晶
（图片来源：Eduard J.Gübelin et al., 1995）

合成彩色水晶（以紫晶、黄晶为主）中也会出现平行于种晶板的色带。在合成紫晶中，种晶板平行于正菱面体（r）或负菱面体（z），因此合成紫晶仅有平行于菱面体方向的色带，以及与色带平行的密集生长纹。在合成绿水晶中，色带或生长纹多沿垂直晶体光轴方向（即平行种晶板方向）平行密集分布，内部常见面包渣状包裹体、气液两相钉状包裹体，有时可见种晶板，缺乏巴西双晶，少见螺旋桨状干涉图，在查尔斯滤色镜下呈现绿色（即不变色）。

3. 红外光谱特征

对于那些非常纯净、生长痕迹极不明显的合成水晶饰品，利用常规仪器进行无损鉴定存在很大困难，因此需要辅助红外光谱仪鉴定。水晶晶体中含有羟基（OH^-）或水分子，经红外光谱测试可知，水分子表现出在（3600~3200）厘米$^{-1}$区间的伸缩振动谱带，在（1700~1500）厘米$^{-1}$区间的弯曲振动谱带，以及在 5200 厘米$^{-1}$的伸缩振动与弯曲振动的合频谱带。

天然无色水晶与合成无色水晶在（3800~3000）厘米$^{-1}$区间内的红外吸收光谱特征吸收峰具有较为明显的区别。天然无色水晶具有 3595 厘米$^{-1}$和 3484 厘米$^{-1}$的吸收峰（图 4-14），合成无色水晶常有 3585 厘米$^{-1}$吸收峰与之区别（图 4-15）。

天然紫晶与合成紫晶的红外光谱显示，天然紫晶常在 3585 厘米$^{-1}$有较强的吸收峰，在 3545 厘米$^{-1}$处呈无或较弱吸收峰（图 4-16），而合成紫晶在 3585 厘米$^{-1}$处吸收的同时在 3545 厘米$^{-1}$ 处常有强吸收与之区别（图 4-17）。要准确鉴别天然与合成水晶需要结合红外光谱特征、晶体的内部生长结构以及包裹体等进行综合鉴定。

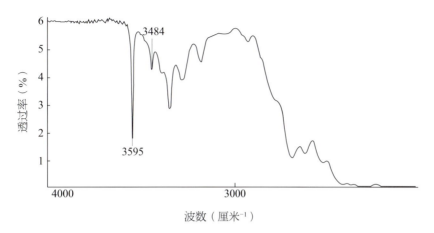

图 4-14　天然无色水晶红外透射光谱图（《珠宝玉石鉴定　红外光谱法》T/CAQI 73—2019）

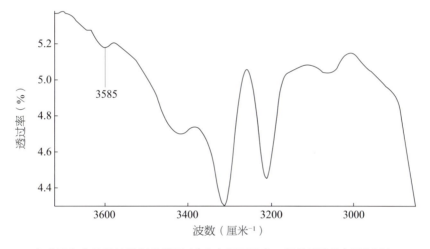

图 4-15　合成无色水晶红外透射光谱图（《珠宝玉石鉴定　红外光谱法》T/CAQI 73—2019）

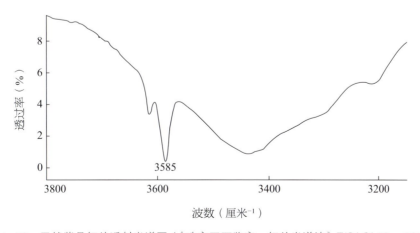

图 4-16　天然紫晶红外透射光谱图（《珠宝玉石鉴定　红外光谱法》T/CAQI 73—2019）

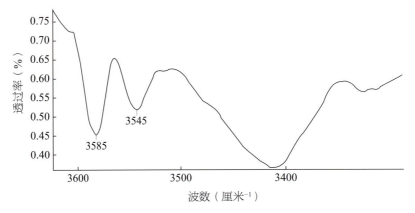

图 4-17　合成紫晶红外透射光谱图（《珠宝玉石鉴定　红外光谱法》T/CAQI 73—2019）

<h2 style="text-align:center">第三节</h2>

水晶的相似品及其鉴别

水晶的颜色十分丰富，在种类丰富的宝玉石家族中，与水晶相似的宝石品种众多。此外，在市场上水晶的仿制品也十分常见。其中，常见的与水晶相似的天然宝石为长石、萤石、方柱石、托帕石等品种；常见的水晶仿制品为玻璃。

一、无色水晶相似品及其鉴别特征

常见的无色水晶相似品为长石。

无色长石（图 4-18）与无色水晶（图 4-19）都是无色透明的晶体，两者折射率接近（无色长石的折射率通常在 1.51~1.57），密度接近（无色长石密度通常在 2.55~2.75 克/厘米³），且都具有玻璃光泽。特别对于已镶嵌且表面抛光不好的长石和水晶来说，两者十分相似，最好的鉴别方法是放大观察内部特征。长石的解理十分发育，具有两组近于垂直的解理，在显微镜下可见由两组解理相交形成的蜈蚣状包裹体；而无色水晶可见棉絮状或针状包裹体，无解理，偶见弯曲和不规则的裂理。长石具有阶梯状断口，水晶则为贝壳状断口。

图 4-18　产自马达加斯加的正长石晶体
（图片来源：rruff.info）

图 4-19　具有贝壳状断口的无色水晶
（图片来源：国家岩矿化石标本资源共享平台）

二、紫晶相似品及其鉴别特征

常见的紫晶相似品有萤石、方柱石。

萤石（图 4-20）的化学成分为氟化钙（CaF_2），摩氏硬度为 4，具有四组完全解理，光学特征为均质体，无多色性，折射率为 1.434，密度为 3.18 克 / 厘米^3，阶梯状断口。紫色萤石和紫晶在颜色上较为相似，使用偏光镜或二色镜很容易加以区分：紫色萤石在偏光镜下观察为全暗，而紫晶在偏光镜下转动一周有四明四暗现象；二色镜下紫色萤石没有多色性，而紫晶具有明显的二色性。此外，因为萤石的硬度较低，在其表面放大观察常可见划痕等磨损痕迹。在水晶原石交易市场，常有人用紫色萤石原石冒充紫晶销售，萤石可见明显的解理现象，而水晶原石则可见柱面横纹。

方柱石（图 4-21）为四方晶系，晶体习性为柱状晶体，柱面常有纵纹，光性特征为非均质体，一轴晶负光性，折射率为 1.550~1.564，密度为 2.60~2.74 克 / 厘米^3。紫色方柱石的颜色通常较为均匀，而紫晶（图 4-22）的颜色分布常不均匀，具有色带和色块。方柱石的包裹体呈平直排列的细管状，紫晶的包裹体呈不规则的气液状。方柱石有一组中等解理，紫晶无解理。在偏光镜下，水晶是牛眼状干涉图，而方柱石是十字形干涉图。另外，在折射仪下测试两者的轴性也可以进行区分。

图 4-20　紫色萤石晶体

（图片来源：国家岩矿化石标本资源共享平台）

图 4-21　紫色方柱石晶体

（图片来源：Rob Lavinsky, iRocks.com, Wikimedia Commons, CC BY-SA 3.0 许可协议）

图 4-22　紫晶晶簇

（图片来源：国家岩矿化石标本资源共享平台）

三、黄晶相似品及其鉴别特征

常见的黄晶相似品有方柱石、托帕石。

黄色方柱石（图 4-23）与黄晶的区别除了可以参考紫色方柱石和紫晶的鉴别方法，还可以通过紫外荧光特征进行区分。黄色方柱石在短波紫外光下可有红色荧光，在长波紫外光下发黄色荧光，而黄晶无荧光或荧光很弱。此外，黄色方柱石通常具有较大的双折射率，放大观察通常可以见到明显的后刻面重影。

黄色托帕石（图 4-24）与黄晶（图 4-25）也容易混淆。托帕石是一种硅酸盐矿物，光泽比水晶强，呈强玻璃光泽，多透明无瑕，光性特征为非均质体，二轴晶正光性，密

图 4-23　黄色方柱石晶体

（图片来源：Rob Lavinsky, iRocks.com, Wikimedia Commons, CC BY-SA 3.0 许可协议）

图 4-24　产自内蒙古的黄色托帕石晶体

（图片来源：国家岩矿化石标本资源共享平台）

图 4-25　黄晶晶体

（图片来源：国家岩矿化石标本资源共享平台）

度为 3.53 克 / 厘米 ^{3}，晶体习性为柱状，柱面上常具有纵纹，具有一组完全解理，折射率为 1.619~1.627，内部常有互不相溶的液态包裹体。通过测折射率、相对密度和放大观察很容易进行区分。

四、绿水晶相似品及其鉴别特征

绿水晶指一种绿色至黄绿色、透明至半透明的水晶，需要注意与市场上常见的"绿幽灵"或绿发晶等包裹体致色的水晶进行区分。"绿幽灵"内部含有大量细小鳞片状、蠕虫状等形态绿泥石包裹体；绿发晶的内部含有细小针状的绿色阳起石、电气石等（图 4-26）。绿水晶多呈淡绿色、黄绿色、苹果绿色，其颜色主要与铁离子（Fe^{2+}）有关。天然的绿水晶十分稀少（图 4-27）。

图 4-26　产自内蒙古克什克腾旗的绿发晶晶体
（图片来源：李涛提供）

图 4-27　绿水晶戒面

五、仿水晶玻璃及其鉴别特征

常见的水晶仿制品为玻璃。

水晶的玻璃仿制品通常是在玻璃中添加一些金属元素、碱金属元素或稀土元素进行制作，这类产品也叫工艺玻璃、水晶玻璃、铅玻璃等，其主要特点是制作成本低、产品无杂质、透明度较好。常见仿水晶的玻璃仿制品有玻璃球、玻璃项链、玻璃雕件、锥柱状玻璃等（图 4-28、图 4-29）。

（一）仿水晶玻璃球及其鉴别特征

仿水晶玻璃球按照成分可分为普通玻璃球、高铅玻璃球和高硅玻璃球。

普通玻璃球：其二氧化硅含量在 70% 左右，另含有 30% 左右的氧化钠（Na_2O）、氧化钙（CaO）。折射率 1.5 左右，密度在 2.5 克 / 厘米 ^{3} 左右，外观具有灰色、灰绿色色调。

图 4-28　玻璃（仿无色水晶）
（图片来源：国家岩矿化石标本资源共享平台）

图 4-29　玻璃（仿紫晶）
（图片来源：国家岩矿化石标本资源共享平台）

高铅玻璃球：是一种添加了氧化铅（PbO）的玻璃球，含量可高达 37% 左右。这种玻璃球具有较高的折射率值，因此有明亮的玻璃光泽。

高硅玻璃球：是用"熔炼水晶"熔融后制成的玻璃球。熔炼水晶是我国工业水晶中的一个级别，这个级别的水晶含有较多的杂质、裂隙，不能用作压电水晶。将熔炼水晶回炉熔融后可形成一种高硅玻璃，其二氧化硅含量可达 99% 以上，折射率为 1.50~1.52，密度为 2.2~2.4 克 / 厘米^3，内部纯净，具有高透明度。

仿水晶玻璃球可有很大的直径，而天然水晶球一般直径较小，直径达到 10 厘米的纯净水晶球已是天然水晶球中的上品，直径达到 20 厘米的水晶球则是十分稀少的了，因此大小可以作为一个辅助鉴别的方法。此外，玻璃球内部通常较为纯净但可见气泡，而天然水晶球一般内部包裹体较多（图 4-30）。此外，玻璃球可经染色处理形成丰富多彩的颜色（图 4-31）。

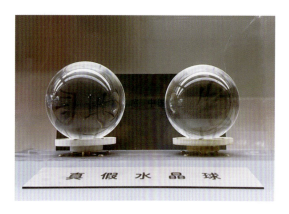

图 4-30　玻璃仿水晶球（左）与天然水晶球（右）
（图片来源：摄于中国地质博物馆）

图 4-31　玻璃球经染色呈现不同的颜色
（图片来源：臻尚水晶工艺品店提供）

最常用的鉴别办法是将这些玻璃球放在有字或有线条的纸上，转动球体观察下边的字或线条。由于玻璃是均质体，所以在玻璃球的转动过程中，只观察到字和线的单影。而水晶是非均质体，当转动水晶球观察时，可以看到字和线的双影。

需要注意的是，根据水晶的晶体结构，当沿着光轴的方向观察时，它也是像玻璃一样没有变化，因此观察过程中要转动球体避开光轴的方向，以免出现错误的判断。

（二）仿水晶玻璃手串及其鉴别特征

仿水晶玻璃手串通常直径较小，可使用常规宝石鉴定仪器进行鉴别。若放在偏光镜上转动一周进行观察，水晶有四明四暗的变化规律。玻璃仿制品则全暗或是出现蛇状或"井"字形异常消光现象。在折射仪下，水晶折射率为 1.544~1.553，玻璃仿制品的折射率一般小于1.54，或者大于1.70。显微镜放大观察，天然水晶内有气液包裹体和各种颜色的矿物包裹体；玻璃手串内部非常干净，偶尔有气泡。

（三）仿水晶玻璃柱及其鉴别特征

区分天然水晶柱与玻璃柱，需要注意以下几个方面。从晶形来看，天然水晶柱体通常为六方柱状，柱体为一头尖或两头尖，表面不光滑，常有小的多边形蚀象和横纹，玻璃柱体则表面光滑。但也有个别水晶柱体是因为对原来天然的水晶晶体不满意而进行人工切磨的，这时需要观察包裹体等特征综合判断，天然水晶内部一般都有棉絮状物或矿物包裹体，仿制品内有气泡或搅动状纹理。有时也仿制天然水晶的棉絮，仿制品的棉絮状物放大检查会发现是气泡群。

第五章

Chapter 5

水晶的质量评价

目前，国内外对于水晶的质量评价尚且没有统一标准。根据相关文献资料和国内外交易市场规则，水晶通常可以从颜色、净度、重量、加工工艺、特殊包裹体等方面进行品质评价。

水晶的颜色评价

一、无色水晶

无色水晶通常会出现不同程度的其他颜色色调，如褐色、灰色等，从而影响无色水晶的颜色呈现效果，降低其价值。无色水晶以颜色色调纯净（图5-1）、无色透明或呈亮白色（图5-2）为最佳。

图 5-1　纯净的水晶天鹅雕件

图 5-2　亮白色水晶猫头鹰雕件

 *Crystal*

二、有色水晶

（一）紫晶

紫晶的颜色通常为从极浅的紫色到深紫色（图5-3~图5-5），有时可带有不同程度的红色色调，若出现棕色、深褐色等暗色调则会影响其价值（图5-6）。紫晶以颜色明度适中、饱和度高的正紫色和红紫色为最佳。

紫晶中色带和色块较为常见，若出现分布不均的色带和色块也会降低紫晶的价值（图5-7），而颜色分布均匀的则为最佳。

图 5-3　浅紫色的紫晶戒面
（图片来源：www.gemselect.com）

图 5-4　正紫色的紫晶戒面
（图片来源：宝星阁提供）

图 5-5　深紫色的紫晶戒面
（图片来源：宝星阁提供）

图 5-6　具有色块且带褐色调的紫晶戒面
（图片来源：naturalhistory.si.edu，CCO 许可协议）

图 5-7　具有色带的紫晶戒面
（图片来源：www.gemselect.com）

（二）黄晶

黄晶常见的颜色有浅黄色、黄色、橙黄色、褐黄色、红橙色等（图5-8~图5-10）。若颜色中含有绿色、棕色等其他颜色色调则会影响其价值。黄晶以亮度和彩度比较出彩、具有鲜艳的黄色到红橙色且不含棕色调的品种价值最高，因为它的颜色浓郁且醇厚，给人一种皇家般尊贵的感觉。中国自古对黄色喜爱有加，中国人以黄为贵、以黄为尊的理念根深蒂固，因此大家对黄色水晶尤为喜爱。

图5-8　黄色的黄晶戒面
（图片来源：www.gemselect.com）

图5-9　橙黄色的黄晶戒面
（图片来源：www.gemselect.com）

图5-10　红橙色的黄晶原料

　　黄晶的颜色多呈斑状或条带状分布，颜色分布不均匀或出现明显的颜色分区会影响黄晶的颜色表现效果（图5-11），因此颜色均匀的黄晶具有更高的价值（图5-12~图5-14）。

图5-11　具有色带的黄晶吊坠

图5-12　颜色均匀的椭圆形黄晶戒面

图5-13　颜色均匀的黄色黄晶戒指

图5-14　颜色均匀的红橙色黄晶戒指

（三）紫黄晶

　　紫黄晶的晶体中同时存在黄色和紫色两种颜色，其中以颜色鲜艳、饱和度高、两种颜色的界限清晰者为佳（图5-15），最佳的颜色组合是鲜艳的金黄色与正紫色（图5-16）。

图 5-15　颜色界限清晰的紫黄晶原料　　　　　图 5-16　金黄色和正紫色的紫黄晶戒面

（四）芙蓉石

　　芙蓉石的颜色可呈浅粉红色至浓艳的玫瑰红色（图5-17~图5-21），其中以明度适中、饱和度高的玫瑰红色为最佳，粉红色次之。

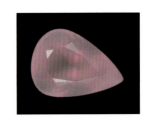

图 5-17　浅粉色芙蓉石挂件　　图 5-18　粉红色水滴形芙蓉石戒面
（图片来源：www.gemselect.com）

图 5-19　玫瑰红色芙蓉石挂件　　图 5-20　芙蓉石配彩色宝石戒指　　图 5-21　芙蓉石配彩色宝石项链
（图片来源：摄于 2021 年北京
国际珠宝展）

芙蓉石的颜色多呈云状、斑纹状或条纹状分布，其中以颜色分布均匀者为佳，白色色块或明显的颜色分区会降低芙蓉石的价值。

（五）烟晶

烟晶的颜色以明度适中、饱和度高的棕色为最佳，若饱和度较低或明度较低，则其价值也会随之降低（图5-22）。此外，颜色分布均匀的烟晶也具有较高的价值（图5-23）。

图 5-22　颜色饱和度较低的六边形烟晶戒面　　　　图 5-23　颜色均匀的水滴形烟晶戒面
（图片来源：www.gemselect.com）

（六）绿水晶

绿水晶以颜色鲜艳的正绿色为最佳，淡绿色、黄绿色次之。此外，颜色分布均匀的绿水晶也具有更高的价值（图5-24）。

图 5-24　颜色均匀的浅绿色绿水晶戒面

第二节

水晶的净度评价

水晶中含有丰富的包裹体（如气液包裹体、固态包裹体等），蕴含着丰富的地质信息。在作为珠宝首饰使用的水晶晶体中，通常比较明显的包裹体特征会不同程度影响水晶的价值，但若包裹体的存在能够形成特殊的美丽图案或者引起特殊光学效应时，反而能够起到增值的作用。因此，水晶的净度评价通常可以分为水晶的主要颜色品种和水晶含特殊包裹体品种两个方面进行。

一、水晶的主要颜色品种

（一）无色水晶

无色水晶的净度是其重要的质量评价因素，若肉眼可见大量包裹体，表面可见较明显的瑕疵则会降低无色水晶的价值（图5-25、图5-26）。通常净度越好的无色水晶价值更高，

图 5-25　无色水晶球中可见白色絮状包裹体

（图片来源：摄于万丰珠宝交易中心）

图 5-26　无色水晶中可见黑色包裹体

（图片来源：www.gemselect.com）

净度最好的无色水晶在 10 倍放大镜下观察内部无瑕,不可见天然内含物、冰裂纹、棉絮等包裹体,整体通透无瑕,表面无人为的瑕疵,如缺角、刮痕等(图 5-27、图 5-28)。

图 5-27　高净度的无色水晶"龙宫借宝"雕件
（图片来源：曹志涛提供）

图 5-28　高净度的清代水晶兕觥
（图片来源：摄于故宫博物院）

(二)有色水晶

有色水晶(如紫晶、黄晶、紫黄晶、芙蓉石、烟晶和绿水晶等)的净度评价相比无色水晶要求相对会低一些。若内部含有云雾状包裹体、裂隙或其他杂质包裹体等特征,则会影响有色水晶的质量,从而降低其价值(图 5-29、图 5-30)。通常以内部无棉絮、无裂纹或者无其他包裹体,整体净度通透为佳(图 5-31~图 5-34)。

图 5-29　具有棉絮的紫晶戒面
（图片来源：www.gemselect.com）

图 5-30　具有棉絮的烟晶戒面
（图片来源：www.gemselect.com）

图 5-31　内部洁净的紫晶戒面

图 5-32　内部洁净的烟晶戒面
（图片来源：www.gemselect.com）

图 5-33　高净度的紫晶吊坠

图 5-34　高净度的紫晶首饰套装

　　在有色水晶中，按照 GIA 净度分级体系，烟晶属于Ⅰ型宝石，即宝石几乎不含有内含物，而紫晶、黄晶和紫黄晶等属于Ⅱ型宝石，即宝石通常含有内含物，因此在有色水晶的净度评价时，烟晶的要求会比其他颜色的水晶更高一些。

　　将净度级别比较高的有色水晶制作成手把件、挂件、手串或项链等饰品是一种良好的表现形式（图 5-35~图 5-40），内部晶莹通透的水晶在恰当的打磨制作工艺下能够表现出通灵的质感，是不可多得的精品，深受人们的喜爱。

图 5-35　高净度的黄晶手把件

图 5-36　高净度的芙蓉石挂件

图 5-37　高净度的烟晶手串

图 5-38　高净度的紫晶手串

图 5-39　高净度的黄晶手串
（图片来源：三木木珠宝提供）

图 5-40　高净度的紫晶项链

二、水晶含特殊包裹体品种

（一）发晶

　　发晶的品质因素主要与发丝的颜色、粗细、数量及排列方向有关。发丝排列如果构成特殊造型，如放射状会起到增值的作用（图5-41）。通常，发晶的发丝颜色以红色和金黄色为佳，若发丝多而密集、方向一致或排列规律且晶体清澈通透（无裂纹、云雾等瑕疵）者为珍品（图5-42~图5-46）。

图 5-41　发丝呈放射状分布的金发晶挂件

图 5-42　纤维状发丝多而密集的"红兔毛"挂件

图 5-43　发丝密集且方向一致的顺发晶手串

图 5-44　包裹体呈片状且方向一致的
　　　　　钛晶手串

（图片来源：三木木珠宝提供）

66

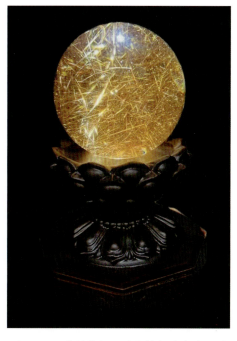

图 5-45　发丝较粗且分布均匀的金发晶球　　　　图 5-46　发丝细密且分布规律的金发晶球
（图片来源：方淼提供）　　　　　　　　　　　（图片来源：菲菲提供）

（二）幽灵水晶

　　幽灵水晶的质量与其内部包裹体的颜色、形态、分布及外观视觉效果有关。通常颜色以绿色为最佳，而图案越美观独特、越具有意境则价值越高，以金字塔形和聚宝盆形最受欢迎。其中，金字塔形的以越接近金字塔形状、层数越多、越清晰者为佳品；聚宝盆形以矿物包裹体占一半左右者为最优（图 5-47、图 5-48）。

图 5-47　绿色包裹体占较少部分的绿幽灵"聚宝盆"　　图 5-48　绿色包裹体占一半的绿幽灵"聚宝盆"
　　　　　水晶手串　　　　　　　　　　　　　　　　　　　　水晶手串

（三）草莓水晶

草莓水晶可以从内部包裹体颜色、形状以及分布特征等方面进行评价。其中以包裹体颜色鲜艳正红、形状规则、排列分布规律均匀者为佳品（图5-49、图5-50）。

图5-49　颜色鲜艳的草莓水晶戒指
（图片来源：殿堂楼主提供）

图5-50　包裹体分布规则的草莓水晶手串

（四）水胆水晶

水胆水晶是水晶中的珍贵品种，在无色、紫色、茶色等水晶中均可见到，其水胆又有一胆、双胆、多胆之分，且水胆越大、形态越完好、越明显者越珍贵（图5-51）。

图5-51　含有较大水胆的水胆水晶挂件
（图片来源：国家岩矿化石标本资源共享平台）

（五）石英猫眼

石英猫眼色泽种类繁多，有白色、棕灰色、深绿色、黄色、墨黑色等，其中以白色最为普遍，黄色最为珍贵。猫眼效应的眼线是非常重要的评价要素，眼线中存在中断或眼线弯曲、过粗、不居中、不连续、不明亮等现象都是猫眼效应质量欠佳的表现（图5-52a）。石英猫眼以眼线居中且纤细平直、清晰、明亮、开合自如、转动灵活者最为珍贵（图5-52b）。

a 眼线模糊杂乱   b 眼线清晰平直

图 5-52 眼线模糊杂乱与眼线清晰平直的石英猫眼

（图片来源：www.gemselect.com）

（六）星光水晶

星光水晶中若星线模糊、弯曲则会影响价值（图5-53a、图5-54a），以宝石颜色鲜艳且星线完整、纤细、清晰、明亮，交点集中、星线灵活者为珍品（图5-53b、图5-54b）。优质的星光水晶稀世罕见，可用于镶嵌戒指、吊坠等首饰，是水晶中的珍贵品种。

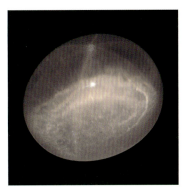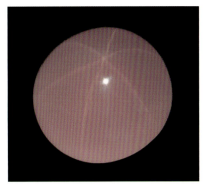

a 星线模糊   b 星线清晰

图 5-53 星线模糊与星线清晰的星光芙蓉石

（图片来源：www.gemselect.com）

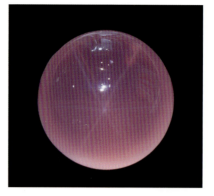

a　星线弯曲　　　　　　　　　　b　星线平直

图 5-54　星线弯曲与星线平直的星光芙蓉石

第三节

水晶的重量评价

通常在其他质量评价因素相同的情况下，水晶的重量越大则价值越高。

一、无色水晶

在天然水晶中，通常无色水晶晶体大者相对常见，可直接作为精美的观赏石摆件。此外，重量较大的无色水晶也是水晶球、水晶雕刻品等非常重要的原材料。

无色水晶可见晶体大而完整者，因其造型独特、气势磅礴、富含自然之美，也通常不做加工直接作为摆件使用。中国迄今最大的水晶晶体——"水晶王"现藏于中国地质博物馆（图 5-55）。该标本采自江苏省连云港市东海县房山乡柘塘村。1958 年，当地农民怀着无限崇敬的心情把这件稀世珍宝献给了毛泽东主席。为庆祝中华人民共和国成立 10 周年，首先在北京展览馆的资源馆中展出，后转赠中国地质博物馆。1961 年至今，"水晶王"一直被中国地质博物馆收藏，成为"镇馆之宝"。整个晶体大约由 13~15 个的

a 正面

b 侧面

c 1981年，作者与"水晶王"合影

图 5-55 产自江苏东海县的"水晶王"晶体

（图片来源：摄于中国地质博物馆）

平行连晶组合而成，外观看起来像一座晶莹透明的金字塔，阳光下熠熠闪光。晶体高 1.9 米，最大宽度 1.7 米，厚 1.0 米，重达 3.5 吨。因具有巨大的重量以及相关历史人文背景，其具有极高的价值。

1983 年，东海县驼峰乡村民在开采石英矿时，又挖到一块巨型单体水晶。这块水晶高度约为 1.5 米，重 1.8 吨。该水晶无色透明，表面局部略带红色，呈带尖顶的六方柱状晶体，其晶体品质世界罕见，最初它被保存在东海 105 矿大院内，现保存在中国地质博物馆（图 5-56）。

a 正面   b 侧面

图 5-56 巨型单体水晶晶体

（图片来源：摄于中国地质博物馆）

  1995 年，东海县牛山镇曹林村村民在地里挖出好几吨重的水晶矿体，最大的一块有 1.99 吨重，仅次于现存于中国地质博物馆的"水晶王"的重量，现藏于中国东海水晶博物馆，是该馆的镇馆之宝，被称为"晶王"（图 5-57）。这是一块不规则的大晶体，整块水晶通体透明，里面有天然形成的云山雾海，好似龙王的"水晶宫"。其表面大部分由无数个小晶体覆盖，从头部右上角向里面看，通体晶莹剔透，晶体内有一条形似横卧着的鲤鱼，头尾清晰可见，十分动人。

  此外，六方柱与菱面体聚形含有绿泥石的巨型单体水晶也十分罕见，有十分重要的科研和文化价值，如中国地质博物馆珍藏的温家宝总理转赠的水晶晶体等实物展品（图 5-58）。

  在水晶中，水晶晶体较大的还可用来做水晶雕刻艺术品等，因而价值较高。无色水晶雕刻工艺品的重量通常可高达几十千克以上（图 5-59）。

  对于无色水晶球而言，水晶球球体直径大小是影响其价值的重要因素，市场中常见的天然水晶球的直径一般为 5~8 厘米；直径 10 厘米以上的纯净水晶球为上品，在市场上较为少见；直径大于 20 厘米的为珍品，在市场上十分罕见，具有很高的价值（图 5-60、图 5-61）。

72

图 5-57 产自江苏东海县的"晶王"晶体

（图片来源：中国东海水晶博物馆）

a　正面

b　侧面

图 5-58 含有绿泥石的巨型水晶单晶

（图片来源：摄于中国地质博物馆）

图 5-59 体积较大的无色水晶雕件——释迦摩尼水晶像

图 5-60　直径较大的无色水晶球

图 5-61　清代无色水晶球

（图片来源：摄于故宫博物院）

二、有色水晶

图 5-62　大颗粒椭圆形黄晶戒面

有色水晶晶体相比无色水晶要小，但相比于其他大部分彩色宝石品种而言具有较大的重量，其克拉重量在 20 克拉以上的十分常见，因此有色水晶通常被作为精加工宝石的重要品种，尤其以紫晶、黄晶居多。有色水晶的重量有较大的变化范围，具有超大克拉重量者可切磨成刻面宝石直接作为收藏品（图 5-62~图 5-64）。克拉重量大的有色水晶也可被加工成各式各样的艺术品，能够作为宝石镶嵌在珠宝首饰上或者直接制作成精美的手镯（图 5-65、图 5-66）等饰品，通过大颗粒宝石的方式充分展示彩色宝石的美感。受无色水晶球的启发，目前，也有用有色水晶加工成紫晶水晶球和芙蓉石水晶球，彰显大件有色水晶之美（图 5-67、图 5-68）。

此外，有时水晶的总体品级虽然低一些，但当重量足够大时，其价格也不菲。总体而言，在其他评价因素相同的情况下，其价值随着重量的增加而增大。

图 5-63　大颗粒圆形黄晶戒面
（摄于中国地质博物馆）

图 5-64　大颗粒椭圆形烟晶戒面
（摄于中国地质博物馆）

图 5-65　烟晶手镯

图 5-66　芙蓉石手镯
（图片来源：三木木珠宝提供）

图 5-67　紫晶水晶球

图 5-68　芙蓉石水晶球

第四节

水晶的加工工艺评价

一、刻面型水晶

刻面型又称棱面型、翻光面型和小面型。刻面型水晶的特点是由许多具有一定几何形状的小面组成，形成一个规则的立体图案。水晶与其他大部分彩色宝石相比常具有较大的晶体，因此是精切宝石的重要品种，通过富有特色的切工方式或独特造型展现宝石中蕴含的自然和艺术气息。刻面型水晶的琢型有许多种，比如长方垫形、椭圆形、马眼形、梨形和心形等常见的琢型（图5-69）以及其他多种特色花式切工琢型。

图 5-69 紫晶戒面的常见琢型

从左到右、从上到下依次为：水滴形、椭圆形、水滴形、椭圆形、椭圆形、椭圆形、椭圆形、垫形、心形、椭圆形、椭圆形、椭圆形

"千禧切工"于1999年左右首创，因其拥有1000个刻面（亭部拥有624个刻面，台面有376个刻面）而得名。该琢型突破了刻面宝石传统的平面切磨方式而变成凹弧形放射状，宝石的外形较随意，可以是圆形、三角形、平行四边形、组合形状等。采用千禧切工的工作量约相当于通常切工的18倍，目前市面上出现的大多数千禧切工宝石虽未达到1000个刻面，但也很好地显示出独特的视觉美感，能将宝石内部和外部的光辉融合发挥到极致。所以，宝石工匠十分乐意采用千禧切工来加工水晶，尤其是大颗粒的有色水晶（图5-70）。

a 紫黄晶戒面   b 紫晶戒面

图 5-70　采用千禧切工的椭圆形紫黄晶戒面和椭圆形紫晶戒面
（图片来源：www.gemselect.com）

此外，圆形明亮式切工、多边形阶梯式切工和刻面磨砂线工艺等各具特色的花式切工在水晶的应用上也表现得十分出彩（图5-71~图5-76）。

刻面型水晶的加工工艺评价可以从均衡性、切磨比例和修饰度等方面进行。均衡性指的是宝石外形轮廓的对称性和平衡度，均衡性偏差越小则加工工艺质量越好。切磨比例主要包括宝石的长宽比、台宽比、亭深比、腰厚比等，在合适的比例范围内为佳。修

图 5-71　圆形明亮式"复古千禧"切工　　图 5-72　八边形阶梯式切工　　图 5-73　方形明亮式切工
（图片来源：宝星阁提供）　　　　　（图片来源：宝星阁提供）　　　　（图片来源：宝星阁提供）

图 5-74 圆形刻面磨砂线工艺 　　　　图 5-75 六边形刻面磨砂线工艺 　　　　图 5-76 十二边形刻面磨砂线工艺
（图片来源：尹学桓提供） 　　　　　　（图片来源：尹学桓提供） 　　　　　　（图片来源：尹学桓提供）

饰度反映了设计切磨的精准度，包括同种刻面的同形等大、尖点、棱线、刻面理想程度及抛光品质，修饰度越好则加工工艺越佳。

二、弧面型水晶

弧面型又称素面型或凸面型。弧面型水晶的特点是成品外形至少有一个弯曲面，通常将具有特殊包裹体的水晶加工成弧面型，以便展示其特殊光学效应，或者通过弧面型切割减小包裹体的可见程度，从而展现出独特深邃的色彩。弧面型水晶按照腰形分类主要有圆形、水滴形、椭圆形、梯形、随形等（图5-77~图5-82）。

弧面型水晶的加工工艺评价与刻面型水晶的评价方法有所类似，都需要考察均衡性、切磨比例和抛光品质等。具有特殊光学效应的水晶通常需要被切磨成弧面型，星光水晶

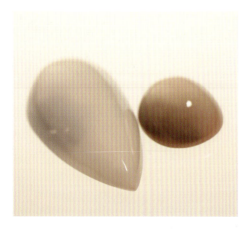

图 5-77 水滴形（左）和椭圆形（右） 　　　　　　图 5-78 圆形芙蓉石戒面
　　　　芙蓉石戒面

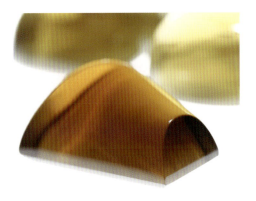

图 5-79　梯形烟晶戒面　　　　　　　　图 5-80　水滴形金发晶戒面

a　黄晶戒指　　　　　　　　　　b　紫晶戒指

图 5-81　椭圆形黄晶戒指和紫晶戒指

图 5-82　椭圆形紫晶等宝石镶嵌项饰

和石英猫眼通常圆顶要高些，以便获得最佳光学效果。总之，弧面型水晶的均衡性、切磨比例和抛光品质，决定了其整体表现的加工工艺效果。

三、雕刻型水晶

通常将体积较大的水晶加工成雕刻品。对于雕刻型水晶而言，独创性是重要的价值因素。设计、切磨、抛光以及配座的工艺都会影响雕刻型水晶的加工工艺质量。雕刻型水晶的加工工艺评价可以从选料用料、造型设计、雕琢制作工艺和配件四个方面进行。选料用料：要求考虑材质运用、材料形状运用、颜色运用、俏色和绺裂处理等方面；造型设计：要求充分利用材料的特性，构图布局合理、比例均衡，纹饰清晰，主题突出等；雕刻制作工艺：要求造型雕琢精准，弧面、平面平滑顺畅，打磨光洁度均匀等；配件：要求水晶的底座工艺及风格与作品主体协调、牢固耐久，其配饰与作品主体有良好的关联性。

不同颜色品种和特殊包裹体品种的水晶经过一系列的雕刻加工流程，能够被制作成手把件、挂件或者摆件等种类丰富的雕件，并将水晶的材质特性与文化属性进行有机结合，展现独特的美感（图5-83~图5-92）。

体积较大的水晶是大型雕件良好的载体，加之对细节处的精益求精，其风格通常将博大与细腻融为一体。

图5-83　俏色巧雕无色水晶寿星公雕刻手把件

图5-84　紫晶猴子献寿雕刻挂件

图 5-85　黄晶弥勒佛雕刻挂件

图 5-86　"红兔毛"多子多福雕刻挂件

图 5-87　无色水晶猎豹雕件

（图片来源：孙凤民提供）

图 5-88　无色水晶（俏色）花生雕件

［图片来源：摄于兰德纵贯文化发展（北京）有限公司］

图 5-89　芙蓉石门狮雕件

（图片来源：摄于中国地质博物馆）

图 5-90　烟晶花瓶雕件

（图片来源：摄于中国地质博物馆）

图 5-91 绿发晶三足金蟾雕件　　　　　　　　图 5-92 金发晶金冠雕件

"长征的足迹"（图 5-93）由中国工艺美术大师曹志涛创作，作为向建党 100 周年献礼的作品，讴歌了近现代中国波澜壮阔的历史和时代主旋律，被中国水晶博物馆收藏；"枯叶秋蝉"（图 5-94）和"莲池清韵"（图 5-95）等多件幽灵水晶雕件通过"俏形、俏色"等方式，将水晶原料表现出"天然合一"的艺术效果。大型水晶佛造像"地藏王菩萨"（图 5-96）是由中国玉雕大师仵应汶、王东光师徒制作，由文化部立项、中国艺术研究院及中国工艺美术馆收藏的国宝级艺术品。其水晶材料是目前国内发现的体积最大、可用于雕刻的完整单晶体水晶。作品高 147 厘米，直径 71 厘米，重 750 千克。整件作品因材施艺，运用浮雕、圆雕、透雕、阴刻等传统雕刻技法，氩光上采用亚光、亮光等手法，结合水晶材料的特性和作品的创作需求，在创作过程中逐渐形成了适合此件作品雕刻的工艺技法。整件作品在艺术表现上庄严大气、震撼人心。

图 5-93 水晶雕件　　　　　　图 5-94 幽灵水晶雕件　　　　　图 5-95 幽灵水晶雕件
"长征的足迹"　　　　　　　　　"枯叶秋蝉"　　　　　　　　　"莲池清韵"
（图片来源：曹志涛提供）　　（图片来源：曹志涛提供）　　（图片来源：曹志涛提供）

图 5-96　地藏王菩萨雕像
（图片来源：摄于中国工艺美术馆）

四、水晶球

水晶球是由天然水晶晶体加工而成，一个水晶球的诞生需消耗比它重量多出 4~6 倍的材料，而且在磨圆时有较大的风险，往往容易迸裂而前功尽弃，因此对于加工制造的技术要求较高。不同颜色以及含有不同包裹体类型的水晶晶体均可加工制作成水晶球。

水晶球的加工工艺评价可以从形状和抛光两个方面进行。形状指的是水晶球的磨圆度，有的水晶球在加工过程中由于质量品级不高或者考虑保重等原因，整体形状达不到很好的正圆形，呈现椭圆或局部变形等情况。此外，在水晶球的加工过程中需经过金刚砂的琢磨，粗糙的制作会使水晶表面存在摩擦的痕迹，抛光的好坏直接影响到水晶球的价值。加工工艺高的水晶球整体形状协调、磨圆度好、抛光质量好、透明度光泽佳，市场上称为"水头足"（图 5-97、图 5-98）。

图 5-97　"水头足"的无色水晶球

图 5-98　"水头足"的黄晶水晶球

第六章

Chapter 6

国内外水晶的主要产地特征

水晶的产地众多，在多个国家和地区均有分布。著名的产地有巴西米纳斯吉拉斯州、马达加斯加、乌拉圭、中国江苏东海等。此外，在美国阿肯色州、俄罗斯乌拉尔、加拿大、莫桑比克、澳大利亚等也有产出。

第一节
国外水晶主要产地特征

一、巴西水晶资源

巴西有着丰富的天然宝石资源，出产包括碧玺、托帕石、绿柱石和水晶等矿物种类的众多宝石品种，还是世界最大的水晶产出国。水晶主要产于伟晶岩和石英脉中。巴西的水晶矿床主要分布于与巴西海岸大致平行的伟晶岩岩带中，呈脉状产于下寒武系上部到志留系的沉积岩，特别是砂岩和石英砂岩中。

巴西的米纳斯吉拉斯州是巴西最主要的彩色宝石、钻石的开采和出口地，也是世界著名的水晶产地。该州产出的最大水晶晶体高 22 米、直径 1.1 米、重 47 吨。此外，巴西南部的南里奥格兰德州是巴西最大的未切割有色水晶产地，这里有紫晶、黄晶、无色水晶和各种各样的玛瑙，并且产出了目前世界最大的紫晶晶洞，有些晶洞重达 3 吨，这些晶洞发现于玄武岩层的中带和上带。南里奥格兰德州与乌拉圭和阿根廷接壤，该矿与乌拉圭的紫晶矿床是在连续的同一个成矿带上。巴西的紫晶产量非常大，而且出产的紫晶品质很好，颗粒大，大部分都是深紫色且色泽艳丽。

巴西的宝石加工业非常发达，位于首都巴西利亚东南部的克里斯蒂娜小城有 100 多家规模不等的宝石商店和珠宝加工作坊，宝石设计、切割和镶嵌都在当地进行。据统计，巴西 70% 的宝石由克里斯蒂娜小城流向世界。

二、马达加斯加水晶资源

马达加斯加位于南印度洋，与非洲大陆东南部隔海相望，是世界第四大岛。其拥有铬、镍、石墨、云母等丰富的矿产资源，被誉为"矿石博物馆"。马达加斯加岛的下覆地层为古老的前寒武纪岩石，晚期伟晶岩脉发育，除未发现钻石，几乎所有的宝石种类都有发现。市场上可见到的宝石品种至少有30种，包括祖母绿、红宝石、蓝宝石、金绿宝石、碧玺、海蓝宝石、水晶、石榴石、托帕石、尖晶石、长石等。马达加斯加是世界水晶蕴藏量第三大国，近几年来水晶的开采和出口发展特别迅速，其中紫晶、黄晶和芙蓉石有很大的产量，尤其是马达加斯加的芙蓉石深受人们的喜爱。

1912年，在马达加斯加塔那那利佛省旧村附近，首次报道有芙蓉石矿床发现。虽然芙蓉石在许多国家都有发现，但最好的晶体来自巴西和马达加斯加的伟晶岩，优质的马达加斯加芙蓉石需求量很大。

虽然马达加斯加的宝石矿点较多，但小而分散，且交通状况较差。因此，宝石开采多数是一些宝石商以收购的形式吸引各地居民去开采。这些开采者一般是以家庭成员为主，这种开采方式风险小，不用担心存在偷窃问题。另一种开采方式为群体形式，这种方式是由当地的权势资本家出资招集矿工，并配有开采设备，集中力量对一些较大的矿点进行开采。这种开采方式风险大、管理难，但效率高，若遇到高质量的中、高档品种，能够很快地积累财富。

传统上，马达加斯加的采矿多为小规模的手工作业。然而，在过去的几年中，大规模的矿业公司也发展了起来。像紫晶这类宝石通常都只发现于偏远地区，但在短短几年之内，具有数万人口规模的城镇就会出现在新发现的矿床附近，等到这些矿藏枯竭之后，多数矿工又会迁出去寻找其他矿床。

三、乌拉圭水晶资源

乌拉圭出产水晶的矿区主要在靠近巴西的北部地区，那里地广人稀，土壤贫瘠无法种植，所以农业不发达，地表覆土上只有较短的杂草丛生。

在乌拉圭的矿区，通常地层上层为玛瑙，下层为水晶，显示当时的热液活动及地质条件的变化。从地表往下挖不到10米便可挖到含有紫晶与玛瑙的玄武岩地层，顺着玛瑙地层顺藤摸瓜一路挖下去就能找到含水晶矿的地层。乌拉圭的紫晶最出名（图6-1），好的紫晶产量非常稀少，乌拉圭政府考虑到自然生态问题，发放的开采执照有限，目前只有约 15 个矿区在开采，但因劳动力、汽油、炸药等成本越来越高，有些矿坑的矿主已放弃开采权。

图 6-1　乌拉圭紫晶矿中开采的心形紫晶洞
（图片来源：www.uruguayanminerals.com）

第二节

国内水晶主要产地特征

中国的水晶资源产地较多，在江苏、海南、四川、云南、广东、广西、贵州、新疆、辽宁、湖北等 25 个省（自治区、直辖市）都有产出。中国已探明中低档水晶矿床分布在 25 个省（自治区、直辖市）的 109 处。除上海、天津、宁夏未见报道，几乎各省区都有水晶产出。其中江苏是我国水晶主要产区，约占 70%，江苏省东海县的水晶质量最好、最为著名，所以东海县也被称为"中国水晶之都"。

一、江苏东海水晶资源

（一）产状特征

以江苏省东海县为中心，在面积数千平方千米的范围内，经勘测发现有 37 种矿物，

水晶总储量约为30万吨。东海水晶纯度高，二氧化硅含量可达99.99%以上，在20世纪80年代，其产量曾占据世界产量一半以上，如今经过近二十年的发展，东海县已成为国内外闻名的国际水晶商贸中心。

该区水晶一般无色，少许呈茶色、烟色、紫色等。原生水晶矿脉主要产于片麻岩、变粒岩、少量片岩、透镜状的大理岩混合组成的岩层中。有伟晶岩脉型、含长石石英脉型、石英脉型矿床，还有水晶砂矿。原生矿呈短柱状、长柱状，砂矿为半棱角状及半滚圆状晶砾。晶体较大，一般粗5~10厘米，重100~400克；大水晶粗几十厘米，长1米多，重几百千克乃至数吨。虽然水晶有节瘤、气液包裹体较多，但储量大、分布广、埋藏浅，民间易开采。

（二）市场贸易

2006年前后，东海县已禁止开采本地的水晶，东海对水晶及石英资源实行开采、加工、销售"许可证"制度，采取保护开采，合理利用资源。由于东海禁止开采水晶，现在市场上出现的水晶主要来自海外。江苏东海在市场上活跃着一批专门从海外和全国各地淘取水晶原石的人群，资料显示，2012年东海全县拥有水晶加工企业近3000家，形成年产2000万件水晶饰品、500万件水晶工艺品、进出口额占交易额的30%以上规模的国际水晶商贸中心，拥有专业的水晶大楼如中国东海水晶博物馆、中国东海水晶城等。

中国东海水晶博物馆集水晶精品展示、硅工业品展示、历史文物展示、学术研讨、国际交流等多功能于一体（图6-2），汇聚了东海及世界各地品质最好、工艺最精美的天然水晶奇石和水晶工艺品（图6-3），演示天然水晶形成的奇特景观，向世人展示水

图6-2　中国东海水晶博物馆

（图片来源：中国东海水晶博物馆）

| a "地藏王菩萨" | b "路路顺达" | c "凤凰·牡丹" |

图 6-3　水晶雕件
（图片来源：中国东海水晶博物馆）

晶世界的晶莹之美与无穷魅力，对于提升东海的水晶产业竞争力、促进水晶与文化的融合都有着重要的意义。

中国东海水晶城（图 6-4）是国内外闻名的水晶集散中心，位于东海县西双湖畔，与水晶博物馆遥相呼应。据悉，东海水晶城现已成为全国面积最大、功能最全的水晶商业市场和交易中心，其中的 1、2、3 号交易主馆和淘晶广场（下沉式广场）内设有水晶交易主楼、原石交易及淘宝集市、综合商业配套三个部分，可容纳近万家商户。这里的店铺各具特色，能够满足不同消费者的需求：有的销售世界不同产地的水晶原料，有的销售各类水晶成品为主，还有一些主营含有不同包裹体的水晶半成品。

东海水晶行业经过近四十年的发育、成长，目前已形成了健全的销售网络体系。在全国有珠宝贸易的地方，就有东海人在经营水晶。在全球，凡是出产水晶的地方，都有

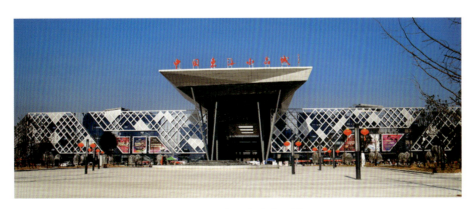

图 6-4　中国东海水晶城
（图片来源：中国东海水晶城）

东海人在采购。经营者通过连锁、直销、代销等方式形成遍布全国的营销网络。随着互联网的发展，网上销售架起了东海水晶走向世界的桥梁。还有一些展销会，如广交会和北京、上海、香港的国际珠宝展，以及上海旅游节水晶展等，都是销售水晶的重要途径。也正是通过这些网络和展销，使全国各地和国外的水晶涌向东海，经过东海加工后，又源源不断地流向世界各地，东海已经成为名副其实的中国乃至世界水晶集散地（图6-5）。

图6-5　东海水晶交易市场
（图片来源：方淼提供）

二、其他地区水晶资源

（一）海南水晶资源

海南岛花岗岩分布区有丰富的水晶资源，在清代，人们就发现五指山一带盛产水晶。水晶产在花岗岩体的边缘或顶部晶洞中。其中有世界著名的羊角岭巨型水晶矿，以规模大、品位高、质量好闻名于世，为我国尖端军工业作出了巨大贡献。

羊角岭水晶矿也称为七〇一矿。矿床类型属于矽卡岩型石英脉，主矿体长240米，宽90~130米，延深150米。羊角岭水晶原矿以透明度高、质地纯净而著称。

羊角岭水晶矿最早由日本人在第二次世界大战期间开采，日寇对羊角岭矿区进行过掠夺性开采。自1955年起，国家进行综合勘探后正式建矿生产，是我国最早的天然水晶矿之一，至20世纪70年代中期主要矿体被开采完毕。

该地晶体呈长柱状居多，其次为短柱状及宝塔状。水晶晶洞产于花岗岩体内石英脉或伟晶岩脉的交叉处和膨胀处。晶洞大小悬殊，直径多为30~100厘米。一个晶洞中可产出水晶几百千克至1吨以上。海南岛的水晶矿远景资源量达万吨以上。

90

（二）新疆水晶资源

新疆地广人稀，水晶资源丰富。现已知在阿尔泰地区和中天山地区，均发现了与花岗岩有关的伟晶岩型水晶矿。阿勒泰、哈巴河及中天山的南部地区，见有水晶－黄玉－绿柱石的花岗伟晶矿，中央石英核心带常具有晶洞，水晶多为烟晶、茶晶或墨晶，无色透明的水晶较少，也发现有少量石英脉型水晶。在水晶晶洞中，曾发现单晶达几十千克至百余千克的大晶体。该地区找矿工作程度尚低，发现水晶新产地的可能性大，远景资源量可观。

（三）内蒙古水晶资源

内蒙古水晶产地已知有 50 余处，主要是与花岗岩有关的伟晶岩型水晶矿。晶洞中的水晶，常与绿柱石、黄玉等晶体伴生，可综合利用。水晶产地以大青山一带固阳、陶林、兴和等地较著名，常见茶晶和墨晶，还发现有石英脉型的水晶矿产地。内蒙古除产无色水晶、烟晶和墨晶，还发现了紫晶、黄晶及珍贵的水胆水晶等。经统计，1958—1970 年为开采水晶兴盛时期，共采出 3000 余吨各种水晶。有时在一个大的伟晶岩晶洞内，就可采出 4.45 吨水晶矿石。有专家学者估算内蒙古水晶资源量近万吨。

Part 2

第 二 篇

石
英
质
玉

第七章
Chapter 7
石英质玉的宝石学特征

第一节

石英质玉的基本性质

一、矿物组成

石英质玉的主要组成矿物是石英，可含有少量赤铁矿、针铁矿、云母、高岭石、斜硅石、蛋白石、绿泥石等。其中硅化木、硅化珊瑚可含有少量有机质等。

二、化学组成

石英质玉的化学成分主要是二氧化硅（SiO_2），可含有铁（Fe）、铝（Al）、镁（Mg）、钙（Ca）、钠（Na）、钾（K）、锰（Mn）、镍（Ni）、铬（Cr）等元素。硅化木、硅化珊瑚中的有机质为碳（C）、氢（H）的化合物。

三、结构与构造

石英质玉的结构依据粒径大小可分为显晶质结构和隐晶质结构，依据颗粒形态可分为粒状结构、纤维状结构等。石英质玉的构造主要包括块状构造、条带状构造、环带状构造及珊瑚的同心放射状构造等。不同品种的石英质玉，其结构、构造特点存在差异。

四、光学性质

（一）颜色

纯净的石英质玉为无色或白色。当含有不同微量元素或其他有色矿物时，可呈现不同的颜色，常见白色、红色、黄色，少见有绿色、蓝色、紫色等。

（二）光泽

石英质玉的抛光面可呈玻璃光泽、油脂光泽或丝绢光泽，断口一般呈油脂光泽或蜡状光泽。

（三）透明度

石英质玉的透明度一般为半透明至不透明。

（四）折射率

石英质玉的折射率一般为 1.544~1.553，点测法常为 1.53~1.54，少量可测到 1.55。

（五）光性

石英质玉属非均质集合体，在正交偏光镜下旋转一周无明暗变化。

（六）多色性

石英质玉属集合体，多色性不可测。

（七）吸收光谱

石英质玉通常无特征吸收光谱，但少数品种因含少量致色元素可产生特征的吸收光谱，如含铬的绿玉髓与含铬云母的石英岩玉吸收光谱具有 682 纳米、649 纳米的吸收带。

（八）紫外荧光

石英质玉在紫外灯下通常呈荧光惰性；少数含铬云母石英岩玉有无至弱灰绿色或红色的荧光。其中，硅化珊瑚在紫外灯下一般呈黄白—白色荧光，其发光强度随透明度增加而减弱，结构越细腻，越接近透明的隐晶质，发光越弱，长波下发光性强于短波。

（九）特殊光学效应

石英质玉可有砂金效应、猫眼效应、晕彩效应等特殊光学效应。

五、力学性质

（一）摩氏硬度

石英质玉的硬度略低于组成其主要矿物的单晶石英，摩氏硬度一般为 6.5~7.0。

（二）密度

石英质玉的密度一般为 2.48~2.85 克 / 厘米^3。

（三）解理及断口

无明显解理特征，断口呈不平坦状，可见贝壳状断口。

第二节

石英质玉的分类

一、分类依据

目前，国际上对多晶石英集合体的结构划分等级及其粒径大小依据还存在较多观点，本书通过查阅大量国内外权威岩石学和矿物学学者（如 O. W. Flörke 和 H. Graetsch 等人）发表的研究成果，归纳提出合理的石英集合体的结构分类及其对应的依据，石英集合体的结构可分为显晶质结构和隐晶质结构两大类（表 7-1）。

表 7-1　石英集合体的结构分类及其依据

结构分类	结构类型	粒径大小	特征
显晶质结构 （phanerocrystalline texture）	伟晶结构 （pegmatitic texture）	＞ 10 毫米	
	粗粒结构 （coarse grained texture）	5~10 毫米	肉眼可见明显颗粒
	中粒结构 （medium grained texture）	2~5 毫米	
	细粒结构 （fine grained texture）	0.2~2 毫米	肉眼可见颗粒， 在 10 倍放大镜下可见明显颗粒
	微粒结构 （microgranular texture）	0.02~0.2 毫米	在 10 倍放大镜下可见 颗粒，在显微镜下可见明显颗粒
隐晶质结构 （cryptocrystalline texture）	显微显晶质结构 （microcrystalline texture）	0.001~0.02 毫米	只能在光学 显微镜下分辨矿物单晶颗粒
	显微隐晶质结构 （microcryptocrystalline texture）	＜ 0.001 毫米	在光学显微镜下无法分辨单晶颗粒，或只有微弱的晶体光性显示

二、主要类型

根据国家标准《石英质玉分类与定名》（GB/T 34098—2017），石英质玉是指天然产出的、达到工艺要求的、以石英为主的显晶质—隐晶质矿物集合体，可含有少量赤铁矿、针铁矿、云母、高岭石、蛋白石、有机质等。石英质玉的粒径大小一般在 2 毫米以下，可分为显晶质石英质玉、隐晶质石英质玉、交代型石英质玉三大类。

（一）显晶质石英质玉

显晶质石英质玉为石英岩玉，具有显晶质粒状结构，包括细粒结构（粒径 0.2~2 毫米）和微粒结构（粒径 0.02~0.2 毫米），多呈块状构造。主要品种有东陵石、密玉、贵翠、佘太翠、京白玉等。

（二）隐晶质石英质玉

隐晶质石英质玉主要具有隐晶质纤维状结构、粒状结构，包括显微显晶质结构（粒径 0.001~0.02 毫米）和显微隐晶质结构（粒径 ＜ 0.001 毫米），多呈块状构造、条带状构造、环带状构造。主要品种有玛瑙、玉髓、碧石等。玛瑙可以同时具有同心环带、水平条带、玉髓纤维束和孔洞晶体石英等（图 7-1）。孔洞从外层到中心，内部常保留隐晶质石英向自形石英的过渡变化，孔洞中央常发育一圈自形石英晶体，具有典型的分泌体（晶腺）结构（图 7-2）。

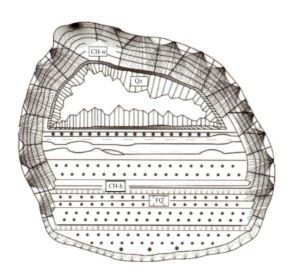

图 7-1　玛瑙结构示意图（CH-w：同心环带状玉髓；CH-h：水平条带状玉髓；FQ：微晶石英；Qz：自形晶体石英）

（图片来源：Flörke et al., 1991）

图 7-2　玛瑙具有典型的分泌体（晶腺）结构

（三）交代型石英质玉

交代型石英质玉为隐晶质—显晶质石英集合体，其中，木变石以纤维状结构为主，有时可见粒状结构；硅化木可呈粒状结构、纤维状结构，可见木纹、树皮、节瘤、蛀洞等特征；硅化珊瑚主要是粒状结构、纤维状结构，可见珊瑚的同心放射状构造。

第八章
Chapter 8
显晶质石英质玉

显晶质石英质玉在肉眼或 10 倍放大条件下可辨认出单个矿物晶体颗粒，如石英岩玉。石英岩玉（quartzite jade）是指透明至不透明、质地致密的显晶质石英集合体，粒状结构，绝大多数石英矿物颗粒大小为 0.02~2 毫米，可含少量赤铁矿、针铁矿、云母、高岭石等矿物，常见颜色有黄色、红色、白色、绿色、黑色等。市场上的石英岩玉的商贸名称品种较多，主要包括东陵石、密玉、贵翠、佘太翠、京白玉等。

第一节

东陵石

东陵石（aventurine）又被称为"砂金石英""印度玉"，原指产于印度含有片状含铬云母或铬白云母而呈现砂金效应的绿色石英岩玉，现指一种具有砂金效应的石英岩玉，常因含有不同颜色的致色矿物而呈现不同的颜色（图 8-1~图 8-4）。

东陵石的英文名称最早起源于意大利语 aventura，意为偶然。

图 8-1　东陵石原料

图 8-2　东陵石手链

（图片来源：Deomar Pandan, Wikimedia Commons, CC BY-SA 4.0）

图 8-3 东陵石内部可见绿色铬云母分布于
石英颗粒间

图 8-4 橙红色东陵石戒面
（图片来源：Koreller，Wikimedia
Commons，CC BY-SA4.0 许可协议）

一、东陵石的主要品种及其特征

根据颜色的不同，东陵石有绿色东陵石、红色东陵石、蓝色东陵石和紫色东陵石等品种。市场上绿色东陵石最为常见。

（一）绿色东陵石

绿色东陵石常呈翠绿、暗绿等，以阳绿为佳（图 8-5）。市场常见产自印度的绿色东陵石，10 倍放大镜下可见呈细小鳞片状的绿色铬云母，分布均匀，大致定向排列，滤色镜下略呈褐红色。我国新疆的绿色东陵石因含绿色纤维状阳起石而致色。

（二）红色东陵石

红色东陵石，多呈橙红色、橙色（图 8-6、图 8-7），因含有少量赤铁矿、针铁矿而致色。

（三）蓝色东陵石

蓝色东陵石常呈灰蓝、深蓝、暗蓝等色，以深蓝为优（图 8-8），因含少量纤维状或粒状蓝线石而致色，也因蓝线石微晶的反光而具有砂金效应。

（四）紫色东陵石

紫色东陵石，多呈紫色、紫褐色，颜色常呈丝点状分布，因含少量锂云母而致色。

Quartzose Jade

图 8-5 绿色东陵石	图 8-6 红色东陵石	图 8-7 橙色东陵石
（图片来源：国家岩矿化石标本资源共享平台）	（图片来源：国家岩矿化石标本资源共享平台）	（图片来源：Oceancetaceen Alice Chodura, Wikimedia Commons, CC BY-SA 3.0 许可协议）

图 8-8 蓝色东陵石"奔月仕女"摆件
（图片来源：国家岩矿化石标本资源共享平台）

二、东陵石的质量评价

东陵石的质量评价主要从颜色、质地、透明度、净度、块度和加工工艺等方面进行。一般而言，东陵石以颜色浓艳、油脂光泽、质地致密细腻、半透明、无杂质、无裂纹及其他缺陷，且原石块重 6 千克以上者为佳（图 8-9）。此外，对于东陵石成品而言，其设计越巧妙、加工工艺越精细，则价值越高（图 8-10）。

图 8-9　绿色东陵石摆件　　　　　　　　　　　图 8-10　东陵石象雕件
（图片来源：摄于中国地质博物馆）　　　（图片来源：国家岩矿化石标本资源共享平台）

三、东陵石的主要产地

　　东陵石的主要产地有印度迈索尔和金奈、巴西巴伊亚州、捷克波希米亚地区、南非林波波省和姆普马兰加省、美国阿肯色州和内布拉斯加州、奥地利施泰尔马克州等，同时在智利、西班牙、俄罗斯等地也有产出，我国新疆阿克苏地区、青海祁连县等地区也有产出。

第二节

密 玉

　　密玉，又称"河南玉"，因产自河南新密市（原密县）而得名。其主要组成矿物是石英（＞97%），含有少量绢云母、锆石、电气石、金红石、磷灰石、铁质矿物等。密玉多因含有绿色绢云母而呈绿色，也有肉红、黑、乳白等颜色（图 8-11、图 8-12）。

图 8-11　绿色密玉摆件

（图片来源：国家岩矿化石标本资源共享平台）

图 8-12　多种颜色的密玉手串

（图片来源：赵艺卓提供）

一、密玉的主要品种及其特征

　　根据颜色的不同，密玉有绿色密玉、白色密玉、红色密玉、黄色密玉、紫色密玉、黑色密玉以及多色密玉等品种。

（一）绿色密玉

　　绿色密玉是以绿色为主要色调的密玉，依据颜色饱和度及明亮度的不同，可有翠绿密玉（艳绿色、翠绿色）（图 8-13）、草绿密玉（略带黄色调的绿色）、豆绿密玉（图8-14）、淡绿密玉（图 8-15）等品种。

图 8-13　绿色密玉"嵌丝方杯"雕件

（图片来源：摄于北京工艺美术馆）

图 8-14　豆绿密玉雕件

（图片来源：国家岩矿化石标本资源共享平台）

（二）白色密玉

白色密玉是指以白色为主色调的密玉，可带有黄、灰色调，有乳白密玉（图8-16）、黄白密玉、灰白密玉等品种。优质的白密玉颗粒较细，常用于玉雕工艺品制作。

图 8-15 淡绿色密玉雕件
（图片来源：国家岩矿化石标本资源共享平台）

图 8-16 白色密玉雕件
（图片来源：摄于中国地质博物馆）

（三）红色密玉

红色密玉是指以红色为主色调的密玉（图8-17、图8-18），可带有紫色调、褐色调，有枣红密玉、褐红密玉、淡红密玉等品种。枣红密玉色如重枣，有的可见红色深浅不一的条纹；褐红密玉的红色分布于颗粒间隙之中，透明度不高，常为微透明；淡红密玉呈薄粉色，透明度较好。

图 8-17 红色密玉手串
（图片来源：国家岩矿化石标本资源共享平台）

图 8-18 红色密玉"童子献寿"雕件
（图片来源：国家岩矿化石标本资源共享平台）

（四）黄色密玉

黄色密玉是指以黄色为主色调的密玉（图8-19），有杏黄密玉、姜黄密玉、米黄密玉等品种。黄色密玉一般为玻璃光泽，块状构造，颗粒较细，颜色均匀分布，透明度不高，常呈微透明，也可见半透明者。

图8-19　黄色密玉手串
（图片来源：赵艺卓提供）

（五）紫色密玉

紫色密玉是指以紫色为主色调的密玉，有深紫和浅紫两个品种。

（六）黑色密玉

黑色密玉是指以黑色为主色调的密玉，有墨黑和灰黑两个品种（图8-20）。

图8-20　灰黑密玉手串

（七）多色密玉

多色密玉是指两种或两种以上的颜色共存于一体的密玉（图8-21）。常有红黄色条

108

带交织、黑色条带与浅绿色条纹交织，以及半透明白色基底的"青花"，丰富多样，常用作俏色玉雕。

图 8-21　多色密玉"大丰收"雕件
（图片来源：王冠军，2018）

二、密玉的质量评价

（一）质量评价因素

密玉的质量评价因素主要有颜色、质地和块度等。

1. 颜色

密玉色彩多样，颜色鲜明。通常以颜色明亮均匀，无色带或色斑的翠绿色、艳绿色为最佳；含有微量暗色或白色矿物包裹体等斑点的草绿色、乳白色、枣红色、杏黄色、墨黑色等次之。

2. 质地

密玉的结构及杂质等因素影响着其质地的等级评价。通常以组成矿物颗粒越细腻（10 倍放大镜下很难见矿物颗粒）、矿物间结合越致密，且无裂隙、微裂纹等瑕疵者为佳品。可见极微量裂隙、少量微裂纹等瑕疵者次之。

3. 块度

块度也是影响密玉价值的另一因素。通常以无杂质、裂纹及其他任何缺陷的块重 6 千克以上者为佳品。

（二）密玉的质量分级

依据河南省发布的地方标准《密玉》（DB41/T 972—2014），根据密玉的颜色、质地、瑕疵、绺裂程度，将密玉分为特级、一级、二级和三级四个级别。

1. 特级品

颜色为翠绿色、艳绿色，颜色明亮均匀，无色带或色斑；质地致密、细腻，微透明，10倍放大镜下很难见矿物颗粒；放大检查仅可见微量暗色或白色矿物包裹体等斑点，无裂隙、微裂纹等瑕疵（图8-22）。

2. 一级品

颜色可呈草绿色（图8-23）、乳白色、枣红色（图8-24）、杏黄色、墨黑色，颜色整体均匀，偶见色带或色斑；质地致密、较细腻，微透明（墨黑色不透明），10倍放大镜下可见矿物颗粒；肉眼可见少量暗色或白色矿物包裹体等杂质（斑点或斑块状），允许可见极微量裂隙、少量微裂纹等瑕疵。

3. 二级品

颜色可呈豆绿色、黄白色、褐色、姜黄色、豆青色，颜色整体较均匀，可见色带或

图 8-22　翠绿色密玉吊坠
（图片来源：赵艺卓提供）

图 8-23　草绿色密玉

图 8-24　枣红色密玉

色斑（图 8-25）；质地较致密，局部结构较粗，肉眼可见晶体颗粒；肉眼可见较明显的暗色或白色矿物包裹体（斑点或斑块状），可见微裂纹等瑕疵（图 8-26）。

4. 三级品

颜色浅淡或灰暗，主要呈淡绿色、灰白色、米黄色、灰青色、灰黑色、深紫色、淡红色、浅紫色、淡青色，整体较均匀，色带或色斑明显；结构粗糙，晶体颗粒明显；肉眼可见较多、明显的暗色或白色包裹体等杂质（斑点或斑块状）（图 8-27），裂隙、微裂纹等瑕疵明显。

图 8-25　可见黑色条带的密玉

图 8-26　可见斑点状杂质的密玉

a　颜色较淡

b　色带较明显

图 8-27　颜色较淡、色带较明显的密玉挂件

第三节

其他品种

一、贵翠

贵翠，又被称为"贵州玉"，是指产于贵州省晴隆县的一种石英质玉石，主要组成矿物是石英，含有少量地开石、高岭石等高岭石族矿物。

贵翠的颜色一般为绿色、淡绿色、灰绿色和淡蓝绿色，也可见白色、深蓝色、杏红色等（图8-28），着水后色泽更鲜艳。致密块状，颜色深浅相间的条带状或花斑状构造。其颜色与地开石含量有直接关系，是地开石含铬和钒所致。

优质贵翠颜色为海水蓝和翠绿色，以质地细腻、无裂隙等瑕疵者为上品。可用于首饰、雕件、观赏石等（图8-29）。

图8-28 贵翠原石

图8-29 贵翠山子"观沧海"雕件

二、佘太翠

佘太翠是指产于内蒙古巴彦淖尔市乌拉特前旗大佘太地区的一种石英质玉，因地处著名历史人物佘太君故地而得名。除部分白色佘太翠品种以白云石（＞60%）为主要矿物，其他颜色品种均以石英（＞80%）为主要矿物，次要矿物有云母、方解石、长石、赤铁矿、叶蜡石、伊利石、高岭石等。

佘太翠的颜色丰富，通常以绿色（含铬云母致色）为主（图8-30），常见浅绿、蓝绿、灰绿、浅墨绿色，另有白色、青灰色、黄色、黄褐色、浅紫色等。

a 正面　　　　　　　　　　　　　　　b 侧面

图 8-30　佘太玉标本

（图片来源：内蒙古自然博物馆）

佘太翠在长波紫外荧光下呈无至不等强度的绿色荧光，短波下无荧光；查尔斯滤色镜下绿色系列呈浅橙红色—淡红色，其他颜色不变色。

佘太翠以质地细腻、呈翠绿色者为最佳。常用作手镯等首饰及各种雕件。

三、京白玉

京白玉是一种产于北京西山的白色石英岩玉。其颜色一般为纯白色，有时带有微蓝、微绿或灰色色调（图8-31）。现在也泛指白色调的石英岩玉。

图 8-31　京白玉原石

京白玉通常被用来制作吊坠、串珠、手镯等，以颜色纯白均一、质地细腻温润者为上品。优质的京白玉外观与和田羊脂白玉颇为相似，但京白玉脆性较大，不具有和田玉的韧性。

市场上还有一种"汉白玉"与京白玉较为相似，可以通过常规鉴定特征进行区分。汉白玉的化学成分是碳酸钙（$CaCO_3$），摩氏硬度为3，折射率为1.48~1.66，密度为2.70克/厘米^3，可以用小刀在玉石隐蔽的部位刻划后，观察是否有划痕，小刀划不动的是京白玉，能划动的是汉白玉。鉴定原石可以采用滴盐酸的方式，汉白玉滴上盐酸后起泡，京白玉则无反应。

四、黄蜡石

黄蜡石是指主要产于我国辽宁、两广沿海、云南等地及缅甸的一种黄色显晶质石英质玉，其地质成因是沉积形成的石英砂岩经后期热液流体充填改造作用、再经流水的冲蚀及砂砾的磨蚀作用而形成的。其岩石类型为变质石英砂岩及石英岩，主要组成为石英、玉髓、蛋白石等，可含少量的铁质矿物，如褐铁矿、针铁矿、赤铁矿等；可含少量的黏土矿物，如绢云母、绿泥石等。

黄蜡石以黄褐色居多，表面光滑，表层多呈蜡状光泽。具有颜色绚丽、质地细腻、硬度较高等优点，可作挂件、器皿等饰品。由于黄蜡石外表可有厚薄不一的细腻硅质胶结物皮壳，具备观赏石特征，故可作精美观赏石摆件（图8-32）。

图8-32 黄蜡石原石

第九章
Chapter 9
隐晶质石英质玉

隐晶质石英质玉在肉眼或 10 倍放大镜下观察，无法辨认出单个矿物晶体颗粒，绝大多数矿物颗粒粒径小于 0.02 毫米的石英质玉，如玉髓、玛瑙、碧石等。

第一节

玉髓

玉髓（chalcedony）是指透明至微透明、质地致密细腻的隐晶质石英集合体，可含少量赤铁矿、针铁矿、硅孔雀石、斜硅石等，具有纤维状结构、粒状结构。常见颜色为白色、黄色、红色、绿色、蓝色、紫色。

一、玉髓的名称由来

"玉髓"一词的出现时间迄今尚无确切考证。在《太湖诗·以毛公泉一瓶献上谏议因寄》（皮日休，约 838—约 883 年）中，"澄如玉髓洁，泛若金精鲜；颜色半带乳，气味全和铅"，出现了"玉髓"二字。后来，药学专著《本草纲目·金石二·白玉髓》中记载："玉膏，即玉髓也。"但这些均可能并非指今天所描述的玉髓。

玉髓，又称石髓。因其为质细而坚硬的矿物而称之为"石"，后因其作饰用，为体现其价值的珍贵而改成"玉"。根据东汉许慎《说文解字》对"髓"的解释，"骨中脂也"，"髓"就是骨头的空腔中像胶状的东西。因此，玉髓源于"石髓"，是结合了其质地和外形而构成的名称。

玉髓的英文名称为 chalcedony，源于希腊语 khalkedon（χαλκηδών），意为"一种宝石的名字"。在拉丁语中，玉髓的名称为 chalcedonius 或 calchedonius，是由其发现地——今土耳其伊斯坦布尔市卡德柯伊（Chalcedon）而得名，它是一座位于小亚细亚半岛上的小镇。

二、玉髓的历史与文化

玉髓是人类历史上最古老的玉石品种之一，据我国辽宁省建平县牛河梁红山文化遗址、浙江良渚文化遗址的考古挖掘证明，在新石器时代，古人就开始使用玉髓制作细石器。在新石器时代晚期，人们开始使用玉髓制作简单的佩戴饰物。春秋战国时期，齐鲁大地及其周边地区开始流行玉髓制品，如山东曲阜鲁国故城 4 号战国早期墓曾出土左右相对的玉髓龙形饰物。汉晋时期，在与周边国家的贸易中开始出现玉髓制品，如新疆额敏县库尔布拉克曾出土的红玉髓珠。

在国外，玉髓的使用历史悠久，人们在公元前 5000—前 4000 年的梅赫尔格尔（Mehrgarh）遗址（今巴基斯坦）中就发现了红玉髓。公元前 3000 年，古埃及人曾将红玉髓和绿玉髓用作装饰品和护身符佩戴，如现收藏于沃尔特斯艺术博物馆和大英博物馆的红玉髓项链（图 9-1、图 9-2）。据希腊克里特岛克诺索斯（Knossos）遗址的考古挖掘证明，早在公元前 1800 年之前，当时的人们就已将红玉髓制作成徽章（图 9-3）。此外，波兰人也将红玉髓制作成圆柱状的图章和佩戴装饰品（图 9-4）。

约公元前 400 年，希腊人开始将绿玉髓作为宝石使用。居住在中亚贸易通道上的人们曾大量使用玉髓，尤以红玉髓居多，玉髓被镶嵌在戒指外侧的凹槽中。在黄金之丘（今阿富汗的西北地区）曾出土可能为大月氏（约公元前 200 年，中亚地区的游牧部族）制作的玉髓制品。此外，白玉髓也被广泛地应用在浮雕的设计中。

图 9-1　出土于埃及的双锥形红玉髓珠、金箔卷条和十颗护身符组成的项链（局部）

（图片来源：Wikimedia Commons，Public Domain）

图 9-2　由金箔和红玉髓珠制成的项链（公元前 1400—前 1200 年）
（图片来源：Marie-Lan Nguyen, Wikimedia Commons, Public Domain）

图 9-3　希腊王朝一位王后的红玉髓宝石像，现藏
于法国国家图书馆徽章陈列室
（图片来源：Marie-Lan Nguyen, Wikimedia Commons,
Public Domain）

图 9-4　橙色红玉髓波兰印章戒指
（图片来源：Gustavo Szwedowski de Korwin, Wikimedia
Commons, Public Domain）

三、玉髓的主要品种及其特征

玉髓中常见的品种主要有白玉髓、黄玉髓、红玉髓、绿玉髓、蓝玉髓、紫玉髓等。其中，蓝玉髓因其产量较少、颜色艳丽，是玉髓中价值较高的品种。

（一）白玉髓

白玉髓是指颜色呈白色—灰白色、质地致密细腻、微透明至半透明的一种玉髓（图 9-5）。白玉髓的成品质量品级以颜色纯正均匀、质地细腻温润、工艺精致为佳。颜色纯正、质地极为细腻均一、透明度较高的白玉髓又被称为"冰种白玉髓"（图 9-6），是白玉髓中价值较高的品种。

图 9-5　白玉髓吊坠　　　　　　　　　　　图 9-6　白玉髓手镯

　　人们为了充分利用颜色灰白或者颜色不纯等质量较低的白玉髓，常将其人工染成各种颜色的玉髓投入市场进行销售。

　　白玉髓主要产于马达加斯加、印度尼西亚以及中国的辽宁。

（二）黄玉髓

　　黄玉髓是指呈不同深浅的黄色、橙黄色、褐黄色的一种玉髓。现在市场上常见的黄玉髓多为云南龙陵所产的黄龙玉（图 9-7、图 9-8）。黄龙玉中石英颗粒间褐铁矿和伊利石混合物使其呈现橙色或不同色调的黄色（图 9-9、图 9-10）。

图 9-7　黄龙玉吊坠　　　　　　　　　　　图 9-8　黄龙玉手串
（图片来源：王孟提供）　　　　　　　　　（图片来源：王孟提供）

图9-9　黄玉髓雕提梁卣（清代）
（图片来源：摄于故宫博物院）

图9-10　黄龙玉摆件

（三）红玉髓

红玉髓（carnelian）是指颜色呈红色—褐红色、质地致密细腻、微透明至半透明的一种玉髓（图9-11、图9-12）。红玉髓中颜色呈褐红色至暗红色的品种被称为肉红玉髓（sard）。

图9-11　产自巴西的红玉髓戒面

（图片来源：Rolf Luetcke, www.mindat.org）

图9-12　红玉髓

（图片来源：Wikimedia Commons, CC BY-SA 2.5许可协议）

红玉髓的英文名称是 14 世纪英文 cornelian 的变体，来源于中世纪拉丁语的 corneolus，意指半透明的红色果实。肉红玉髓的英文名称 sard 来自希腊语 ardis，是古代小亚细亚的吕底亚首都萨第斯（Sardis）的名字。

红玉髓的颜色是由成分中微量铁（Fe）元素所致，通常可见艳红色、橙红色、褐红色、红白色、红黄色等色调，可加热改善其颜色。高品质的红玉髓以红色纯正、鲜艳且均匀，质地细腻温润、透明度高，瑕疵少（无黑色或暗色杂质、无裂纹），工艺精致者为最佳。红玉髓通常被加工成珠类、凸圆形和雕刻品（图 9-13、图 9-14）。

红玉髓主要产于埃及、巴西、印度、乌拉圭、俄罗斯和德国。

图 9-13 红玉髓项链（珠子大小为 0.5~5 厘米）
（图片来源：Nationalmuseet, John Lee, Wikimedia Commons, CC BY-SA 3.0 许可协议）

图 9-14 红玉髓人物肖像戒面
（图片来源：Metropolitan Museum of Art, Wikimedia Commons, Public Domain）

（四）绿玉髓

绿玉髓是指具有不同色调的绿色、质地致密细腻、微透明至半透明的一种玉髓。

绿玉髓的英文名称 chrysoprase 来源于希腊语 chrysos（意指金黄色）和 prasinon（意指绿色），在古希腊语中，chrysoprase 是指绿柱石、金绿宝石等多种绿色的矿物。

绿玉髓的颜色是因成分中含微量的镍（Ni）、铬（Cr）、铁（Fe）等致色元素而产生，也可由细小的绿泥石、阳起石等绿色矿物的均匀分布所致色。在绿玉髓中含 2.35% 的镍或 0.2% 的铬就可以产生鲜艳的绿色，但通常会因同时含有微量的铁离子（Fe^{3+}）而略带黄色色调，使其整体呈浅至中等的黄绿色。

根据致色成因的不同，人们又将因含铬而呈绿色的绿玉髓称为铬玉髓；将因含角闪石、绿泥石等绿色矿物而呈绿色的绿玉髓称为葱绿玉髓。澳大利亚出产的绿玉髓，其绿色是因成分中含有微量的镍元素所致，商业俗称"澳洲玉（澳玉）"（图 9-15）。高品质

的"澳洲玉"颜色多呈饱满、鲜艳、均匀的苹果绿色，质地细腻温润，深受人们的喜爱（图9-16）。

绿玉髓主要产于澳大利亚的西澳大利亚州、德国、波兰、俄罗斯、美国的亚利桑那州与加利福尼亚州、巴西以及坦桑尼亚等地。

图9-15　澳玉戒面
（图片来源：摄于故宫博物院）

图9-16　由电气石、方解石（作为基座）、澳玉和玛瑙雕件组合而成的摆件

澳大利亚昆士兰州的马尔伯勒（Marlborough）矿床（图9-17）和西澳大利亚州的科米特谷（Comet Vale）矿床是优质澳洲玉的主产地，产出玉髓颜色饱满均匀、质地细腻、少见杂质（图9-18），是绿玉髓中价值较高的品种。

图9-17　野外绿玉髓露头
（图片来源：R. A. Eggleton, 2011）

图 9-18　绿玉髓原石

（图片来源：Elade53，Wikimedia Commons ，Public Domain）

（五）蓝玉髓

蓝玉髓是指具有不同色调的蓝色、质地致密、不透明至半透明的一种玉髓，是玉髓中价值较高的品种（图 9-19、图 9-20）。

蓝玉髓主要产自我国台湾、美国、印度尼西亚等地，其中最珍贵的蓝玉髓产自台湾，其艳丽的颜色和细腻的质地优于其他产地的蓝玉髓，被誉为"台湾蓝宝"。台湾蓝宝主要组成矿物除了石英，还经常含有斜硅石、硅孔雀石等矿物，可呈深浅不一的蓝色至蓝绿色，二价铜离子（Cu^{2+}）的存在为致色原因。根据其颜色特征的不同，商业俗称品种有"天空蓝""海水蓝""花蓝"及"翡翠蓝"四种，其中花蓝又可根据其杂色色调或分

图 9-19　不同色调的蓝玉髓手镯

（图片来源：摄于故宫博物院专题展）

图 9-20　蓝玉髓挂坠
（图片来源：摄于故宫博物院专题展）

布不同分为"跳花蓝""铜花蓝"等。其中，以色泽明亮且分布均匀的"天空蓝"为最佳，以质地细腻、透明度高，内部无或少见杂质、脏色、裂隙等瑕疵者为上品。

　　台湾蓝玉髓属于热液型矿床，是酸性至基性火成岩、火山凝灰岩和火山角砾岩晚期热液蚀变充填的产物，主要分布在我国台湾省花东纵谷以东的海岸山脉，北起花莲县丰滨乡，南至台东县都兰镇，集中分布于花莲县的丰滨乡八里湾、马太林山、成广澳山、七里溪、关山乡的都兰山区以及台东县的东河乡等（图 9-21~图 9-24）。

图 9-21　台东县东河乡蓝玉髓矿区全景

图 9-22　蓝玉髓矿平巷

图 9-23　蓝玉髓矿脉露头

图 9-24　台湾蓝宝原石

（六）紫玉髓

　　紫玉髓是指呈深浅不同的紫色，可带有灰色、黄色等色调的一种玉髓，质地致密，呈微透明至半透明（图 9-25~图 9-27）。有学者研究表明，紫玉髓的颜色成因与三价铁离子（Fe^{3+}）以类质同象替代形式进入到晶格中、形成 $[FeO_4/M^+]^{+e-}$ 空穴心有关，吸收了自然光的黄绿波长部分而使玉髓呈现紫色。

图 9-25　紫玉髓手镯

图 9-26　紫玉髓手镯

（图片来源：摄于故宫博物院专题展）

　　紫玉髓的主要产地有巴西、印度尼西亚、美国及中国的辽宁阜新、山西大同、台湾地区，其中山西省大同市天镇赵家沟的紫玉髓矿床发现于2013年，因其具有的梦幻紫色玉髓与冰种紫罗兰翡翠十分相似而颇受人们喜爱。

图 9-27　紫玉髓吊坠

四、玉髓的质量评价

　　玉髓的质量评价因素有颜色、质地与透明度、块度和加工工艺四个方面。

（一）颜色

　　颜色是影响玉髓价值的重要因素。通常以蓝色（图 9-28）、绿色品种（图 9-29）的价值最高，且颜色纯正鲜艳、分布均匀者为佳品。

（二）质地与透明度

　　玉髓质地越细腻致密、均匀、晶莹剔透、裂纹等瑕疵越少，其价值越高。

（三）块度

　　同等品质的玉髓，其块度越大越为稀少，其价值越高。

（四）加工工艺

　　玉髓资源比较丰富，原材料价格相对不高。因此，成品的价值很大程度上体现在设计和加工工艺上。通常，构思新颖、俏色巧妙、加工精细的玉髓成品价值较高（图 9-30、图 9-31）。

图 9-28　蓝色玉髓摆件

图 9-29　由绿玉髓、黄金和钻石制成的鼻烟壶（约 1765 年），现藏于维多利亚和艾伯特博物馆（图片来源：Vassil, Wikimedia Commons, Public Domain）

图 9-30　玉髓"俏色牧鹅"雕件
（图片来源：摄于中国工艺美术馆）

图 9-31　玉髓"卢沟晓月"雕件
（图片来源：摄于中国工艺美术馆）

第二节

玛瑙

　　玛瑙（agate）是指透明至不透明，具有同心层状、环带或条带状以隐晶质石英为主的集合体，带间常可见显晶质粒状石英，可含有少量赤铁矿、针铁矿、绿泥石、云母等矿物；具有纤维状结构、粒状结构，常见有晶洞，并具水晶晶簇（图 9-32）。玛瑙具有特征纹带构造（图 9-33、图 9-34），纹带花纹的显示主要源于玛瑙内部矿物组成和

图 9-32　玛瑙内部晶洞具有细小石英晶簇
（图片来源：AmethystZhou, Wikimedia Commons,
CC BY-SA 2.5 许可协议）

图 9-33　具有明显纹带构造的玛瑙
（图片来源：国家岩矿化石标本资源共享平台）

图 9-34　产自河北宣化具有纹带构造的玛瑙
（图片来源：摄于中国工艺美术馆）

微观结构的变化，并在不同尺度上通过透明度和颜色差异表现出来。

一、玛瑙的名称由来

（一）中文名称的由来

"玛瑙"一词最早见于佛书，从梵文音译而来，据东汉末佛教翻译家安世高所译的《阿那邠邸化七子经》载："此北方有国城名石室……彼有伊罗波多罗藏，无数百千金银珍宝车渠马瑙真珠琥珀水精琉璃及诸众妙宝。"佛经传至中国后，我国才出现"玛瑙"（或"马脑"）一词。《妙法莲华经玄赞》（窥基，632—682 年）载："马脑，梵云遏湿摩揭婆。……色如马脑，故从彼名。"《本草纲目》中亦有巧解："马脑赤烂红色，似马之脑，故名。"至此，"马脑"之名流传至今。

玛瑙在我国汉代以前称为"琼""赤琼"或"赤玉"。据《石雅》（章鸿钊，1877—1951 年）载："玛瑙二字，汉以前书不载，求其当此者，惟琼为近。"

"玛瑙"一词的推广除了佛教经典的传播，也得益于文人雅士诗词歌赋的赞誉。三国时期的魏文帝曹丕（187—226 年）曾写过一首《马脑勒赋》曰："马脑，玉属也，出西域，文理交错，有似马脑，故其方人因以名之。或以系颈，或以饰勒。余有斯勒，美而赋之。"

因此，"玛瑙"一词的由来普遍认为是由于其色、形、纹彩皆与"马脑"相似而命名，后因"马脑"属于玉，遂转写为"玛瑙"。

（二）英文名称的由来

玛瑙的英文名称 agate，最早源于希腊语 akhates（Ἀχάτης），由希腊哲学家、自然学家提奥弗拉斯特（Theophrastus）（约公元前 372—前 287 年）发现并以其发现地——流经意大利西西里岛的阿盖特河（Achates River）命名，之后在其撰写的著作《论石头》（*On Stones*）中首次提及并将其描述为一种极其珍贵的美丽石头。意大利历史学家、哲学家老普林尼（Pliny the Elder，23—79 年）的《自然史》（*Natural History*）也有相关记载。后来，其名称逐渐演变成中世纪拉丁文 achātēs 及英语 achate，直到 16 世纪 60 年代的法语中被写成 agate，并一直沿用至今。

二、玛瑙的历史与文化

（一）玛瑙的国内历史与文化

在中国，玛瑙是一种很早就被人们利用的玉石，早在五六千年前的红山文化遗址里，人们就挖掘到用玛瑙制成的刀具，这个时期也曾被有关专家称为"细石器时代"。在此后的各个时代，玛瑙一直是人们心目中的珍宝，并用于制作各种艺术品和装饰品。

夏代（约公元前 2070—前 1600 年），人们就开始将玛瑙制作成简单的佩戴饰物，使玛瑙制品完成了由简单的小型生产工具、武器向装饰品的过渡。如内蒙古大甸子夏家店下层文化遗址的敖汉旗大甸子墓地 1032 号墓曾出土玛瑙玦（耳饰），直径 3.8 厘米，孔径 1 厘米，厚 0.66 厘米，缺口宽 0.3~0.4 厘米（图 9-35），现藏于中国社会科学院考古研究所。

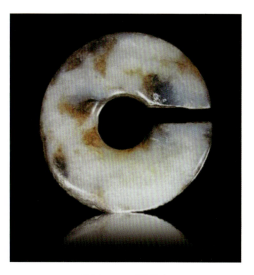

图 9-35　玛瑙玦

（图片来源：云希正，2012）

周代（公元前1046—前256年），玛瑙制品开始演变成高贵的礼仪用具，如周代组玉佩，是贵族身份、地位的象征。陕西扶风强家一号西周墓、河南三门峡市虢国M2001号墓地等周代墓均曾出土了玛瑙与绿松石、琉璃等搭配使用的组玉佩，其中玛瑙颜色艳丽，造型多样（有圆形、扁圆形、管珠形、腰鼓形等）（图9-36）。此外，还有战国时期的玛瑙瑗（图9-37）。

图9-36 河南三门峡上村岭虢国墓出土的组玉佩
（图片来源：摄于中国国家博物馆）

图9-37 战国时期的玛瑙瑗
（图片来源：摄于中国国家博物馆）

汉代至南北朝时期（公元前206—589年），玛瑙制品的范围扩大，创新增多。除延续周代的珠串风格（图9-38），汉代的玛瑙制品大多装饰在剑鞘上，古人视作"红玉"，玛瑙剑珌、剑璏、剑格等剑饰也非常流行（图9-39）。

图9-38　西汉玛瑙珠饰
（图片来源：摄于国家博物馆）

图9-39　西汉玛瑙剑璏
（图片来源：云希正，2012）

唐代（618—907年）的玉器发生了功能形制的转变，玉制品更趋向于实用与观赏（图9-40），推陈出新的同时也含有异域风情。玛瑙作为玉器的一种，颇受唐代贵族欢迎，史料记载众多，诗文中也层出不穷。1970年出土于西安市南郊何家村窖藏的镶金兽首玛瑙杯是迄今出土的做工最精湛的唐代玉器，也是唐代唯一一件俏色玉雕（图9-41）。

图9-40　唐代玛瑙花瓣盏托
（图片来源：摄于中国国家博物馆）

图9-41　唐代镶金兽首玛瑙杯
（图片来源：陕西博物馆提供）

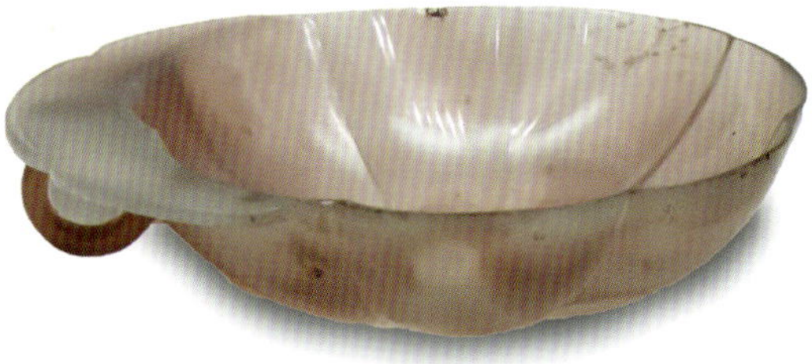

图 9-42　玛瑙花口杓（宋代）
（图片来源：摄于中国国家博物馆）

辽宋金时期（907—1279 年），皇族把玛瑙钦定为帝王贵胄专用的瑰宝（图 9-42），明文规定百姓不准使用玛瑙器皿及用之装饰刀把和鞘。

元代（1206—1368 年），继承了金代的传统，把玛瑙的利用推向更加鼎盛的时期，在宫廷中专门设置了玛瑙玉局，并“管领玛瑙匠户五百有奇”，专为帝王贵胄制作玛瑙等玉器，以供赏玩（图 9-43）。此外，元代的官员闲居或平民服饰流行系绦带。

明清时期（1368—1911 年），玛瑙同样盛行且制作工艺趋向于成熟（图 9-44、图 9-45），不少当时的玛瑙制品流传下来（图 9-46、图 9-47）。

a　龙首雕螭绦带

b　双兽绦环

图 9-43　元代玛瑙制品
（图片来源：摄于中国国家博物馆）

图 9-44　明代玛瑙龙柄方斗杯
（图片来源：摄于中国国家博物馆）

图 9-45　清代金盖、托玛瑙葵瓣式碗
（图片来源：摄于颐和园）

图 9-46　清代黄玛瑙雕瓜叶式笔掭

（图片来源：摄于故宫博物院）

图 9-47　清代玛瑙巧雕三足蟾纹鼻烟壶

（图片来源：摄于故宫博物院）

（二）玛瑙的国外历史与文化

在国外，玛瑙也是人们很早就已利用的珍宝之一。最早的玛瑙制品发现于爱琴海的早期文化（约公元前 4000 年）。位于两河流域的苏美尔人也很早就用玛瑙来制作饰品，现今在法国巴黎的罗浮宫博物馆陈列着苏美尔人制作的玛瑙珠串（图 9-48）。此外，在亚洲的日本古墓中，人们也发现有与苏美尔玉斧同时代的玛瑙制品。古埃及人和古波斯人常用玛瑙制作饰品，用作代代相传的护身宝贝（图 9-49）。

图 9-48　苏美尔文明的红玛瑙珠串

（图片来源：Anthony Huan, Wikimedia Commons, CC BY-SA 2.0 许可协议）

图 9-49　苏美尔文明的玛瑙珠串

（图片来源：Gary Todd, Wikimedia Commons, Public Domain）

德国的伊达尔－奥伯施泰因以最精美的玛瑙雕刻闻名于世（图 9-50、图 9-51）。自 15 世纪起，纳厄河谷沿岸便开始开采玛瑙，河中的流水为切割石料的砂轮提供动力。由于出产大量玛瑙和玉髓等宝石，宝石雕刻艺术在该地区蓬勃发展起来（图 9-52、图 9-53）。到 19 世纪，德国的玛瑙矿藏耗尽之后，伊达尔－奥伯施泰因的宝石切割师开

图 9-50　产自伊达尔－奥伯施泰因的玛瑙
（图片来源：Rama, Wikimedia Commons, CC BY
3.0 许可协议）

图 9-51　玛瑙德国士兵像
（图片来源：Cleveland Museum of Art, Wikimedia
Commons, Public Domain）

图 9-52　缟玛瑙浮雕摆件
［图片来源：Deutsches Edelsteinmuseum（Jürgen
Cullmann），Wikimedia Commons, CC BY-SA 3.0 许可协议］

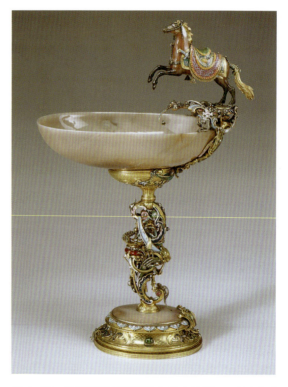

图 9-53　巴洛克风格玛瑙礼仪杯（1670—1733 年）
（图片来源：Walters Art Museum, Wikimedia Commons,
CC BY-SA 3.0 许可协议）

始从巴西进口玛瑙原料。除了巴西，在南美洲的阿根廷和乌拉圭，以及澳大利亚和北
美的一些地区也发现了玛瑙矿，玛瑙雕刻和宝石切割艺术从而得以延续其繁荣之势。此

后，其他国家纷纷学习玛瑙的切割和雕刻艺术，第一届玛瑙研讨会于 2005 年在美国的科罗拉多州丹佛举行。

三、玛瑙的主要品种及其特征

依据颜色、条带等特征，玛瑙可划分为白玛瑙、南红玛瑙、北红玛瑙、紫绿玛瑙、盐源玛瑙、缟玛瑙等主要品种；依据特殊包裹体等特征，可划分为苔纹玛瑙、水胆玛瑙等品种；依据特殊光学效应等特征，可划分为火玛瑙、彩虹玛瑙等品种；此外，还有雨花石等其他品种。

（一）白玛瑙

白玛瑙一般呈白色—灰白色，少见纯白色，因颜色或透明度的差异呈现条带状构造（图 9-54）。白玛瑙分布广泛，大块、色较均匀者可做雕刻品（图 9-55），大部分可改色成鲜艳的彩色玛瑙。自然造型别致的玛瑙原石直接作为观赏石摆件（图 9-56）。

图 9-54　白玛瑙原石
（图片来源：国家岩矿化石标本资源共享平台）

图 9-55　白玛瑙雕件

图 9-56　白玛瑙原石摆件

第九章　隐晶质石英质玉

135

（二）南红玛瑙

南红玛瑙指天然产出的由赤铁矿矿物包裹体致色、主要色调为红色且以 α－石英为主要组成矿物的隐晶质集合体。颜色常见红色、橙红色、褐红色、紫红色等，可伴有条带和花纹。

图9-57 产自保山的南红玛瑙手串

目前，市场上热门的红玛瑙当数南红玛瑙，起源于古代云南保山地区开采的云南红玛瑙，俗称"南红"，现已不局限于云南地区，有"滇南红"（云南）、"川南红"（四川）、"甘南红"（甘肃）等品种。

滇南红的颜色多呈红色、浅红色等（图9-57），部分玛瑙中有深灰绿色或白色的杂质矿物，且通常裂隙较为发育，有模糊感。主要产于云南省保山市隆阳区杨柳白族彝族乡，分布于阿东村、冷水村和滴水洞等临近山梁所组成的玛瑙山一带。

川南红主要产自四川省凉山彝族自治州东北部的美姑县境内，其中以联合乡（现凉山州冕宁县磨坊沟镇地区）和九口乡最为著名（图9-58、图9-59），俗称"联合料"和"九口料"。联合料的颜色通常带有橙色或粉色色调，透射光下肉眼可见红色圆粒状矿物包裹体；九口料除了具有不同色调的红色，还出现白色、乳白色等，透射光下一般较难见到红色圆粒状矿物包裹体。

图9-58 条带状川南红玛瑙原石
（图片来源：林礼，2016）

图9-59 川南红玛瑙手串

甘南红的颜色通常都在橙红色和正红色之间（图9-60），深红色少见，主要产于甘肃省甘南藏族自治州的迭部县。

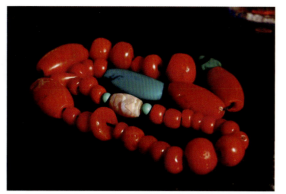

图 9-60　甘南红玛瑙成品
（图片来源：崔雪飞提供）

南红玛瑙在商业上将其颜色品级分为"锦红""柿子红""玫瑰红""朱砂红""冰飘红""红白料""黑红料"等。

锦红，"锦"代表着的是如锦缎般的质感和光泽，而"红"则指的是具有红艳亮丽的正红色（即不带黄色调或紫色调）色彩（图 9-61、图 9-62）。锦红是古代最推崇的、南红中最好的颜色，产量稀少。

图 9-61　锦红南红玛瑙原石

图 9-62　锦红南红玛瑙挂坠
（图片来源：林礼，2016）

柿子红，顾名思义是指像熟透了的柿子颜色，即带有黄色调的红色，包括从锦红（正红）带黄色调到柿子红之间的所有过渡颜色（图 9-63）。柿子红中红色调越浓越珍贵。云南保山料中较为常见。

玫瑰红，是指带有紫色调的红色，颜色偏暗，包括从锦红（正红）带紫色调到玫瑰红之间的所有过渡颜色。通常与柿子红同时出现（图 9-64），完整的玫瑰红较为少见，玫瑰红中红色调越浓越珍贵。

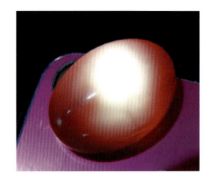

图 9-63　柿子红南红玛瑙挂坠
（图片来源：董伟勤提供）

图 9-64　玫瑰红南红玛瑙原石
（图片来源：林礼，2016）

　　朱砂红，是指质地细腻、透明度较高，颜色由无数细密的朱砂点聚集成的红玛瑙（图 9-65），在凉山联合料中较为常见。朱砂红以朱砂密集程度和灰色调的可见程度来判断其质量，其中以朱砂最密集、低灰色调基本无的"樱桃红"最为珍贵（图 9-66）。

图 9-65　朱砂红南红玛瑙手串

图 9-66　樱桃红南红玛瑙原石
（图片来源：摄于天雅古玩城）

　　冰飘红又称"冰地飘红"，是指底色较淡或者无色，质地通透，红色（朱砂）呈带状或团块状分布的玛瑙（图 9-67）。

　　红白料，是指红色与白色相间的玛瑙，以红白分明最为珍贵。云南保山和四川凉山都较为常见。黑红料是相对较少见的南红原料，产地有四川凉山联合和云南保山。需要注意的是，这里的黑红料中的黑色玛瑙与含铁元素的红玛瑙是同一地质时期形成的，而

图 9-67 冰飘红南红玛瑙手串

不是指其围岩部分。

南红玛瑙的质量除颜色色调因素，以颜色分布均匀、无条带，质地细腻温润，无杂质、裂纹等瑕疵，块度大者为上品。

（三）北红玛瑙

北红玛瑙是红玛瑙的另一个重要品种。北红玛瑙是以石英为主要矿物，次要矿物有斜硅石、针铁矿，外观以深红色、棕红色（图 9-68、图 9-69）为主，常带有黄色调的半透明至透明隐晶质集合体（图 9-70、图 9-71）。其代表性产地位于黑龙江省黑河市逊克县境内阿廷河流域、伊春市汤旺河流域、嫩江流域、松花江流域、大小兴安岭区域等地。

北红玛瑙的主要致色矿物为针铁矿，可存在少量的赤铁矿。针铁矿或微量的赤铁矿含量越高，北红玛瑙的外观颜色红色调则越明显。北红玛瑙的彩度总体上偏低，但其透明度整体上高于南红玛瑙。

图 9-68 棕红色北红玛瑙原石摆件
（图片来源：于俊庆提供）

图 9-69 北红玛瑙摆件
（图片来源：于俊庆提供）

图 9-70　北红玛瑙雕件
（图片来源：于俊庆提供）

图 9-71　北红玛瑙印章
（图片来源：于俊庆提供）

根据国家标准《玛瑙　北红玛瑙　鉴定》（GB/T 38816—2020），北红玛瑙可以依据肉眼观察、放大检查、光谱分析三个步骤进行。肉眼观察可根据颜色特征，排除无红色调的黄色、白色、灰色、紫色、绿色等石英质玉石，根据透明度排除不透明的红色石英质玉石；放大检查北红玛瑙典型的显微特征，隐晶质结构和纤维状结构，具条带、环带或同心层状构造，部分可见水晶芯，基底细腻均一，无颗粒感，颜色呈浸染状，深浅过渡自然，也可见零星分布的粒状致色矿物；光谱分析时在红外光谱中可见具石英质玉石的典型光谱特征，拉曼光谱中可见特征的 α－石英 463 厘米$^{-1}$、斜硅石 501 厘米$^{-1}$，紫外可见光谱则表现为在 200~436 纳米均为强吸收（检测时需要避开水晶芯位置）。

（四）紫绿玛瑙

紫绿玛瑙是近些年来新兴的玛瑙品种，但并非新品种，在古代称为"紫玉"，被视为祥瑞之物。目前，紫绿玛瑙只在我国陕西省洛南县石门镇和石坡镇附近产出。

紫绿玛瑙颜色多为紫红色、绿色、白色（图9-72），偶见黄色、蓝色调，常呈团块状或条带状分布。主要成分为石英，含有少量绿泥石、伊利石、针铁矿、赤铁矿等杂质矿物，其中针铁矿和赤铁矿是紫红色的主要致色矿物，绿泥石是绿色的主要致色矿物。品质好的紫绿玛瑙质地油润细腻，颜色浓而不僵、艳而不妖。

（五）盐源玛瑙

盐源玛瑙是近年来在市场上兴起的一种玉石品

图 9-72　紫绿玛瑙挂坠

种，产于四川省凉山彝族自治州盐源县，其颜色鲜艳丰富，通常由黄色、绿色、紫色、红色、白色、粉色等多种颜色聚集在一起，因此也被很多当地人称为"七彩玉"（图9-73）。目前，对于盐源玛瑙的结构划分尚有争议，有学者认为盐源玛瑙为隐晶质结构，属于玛瑙的一个品种；也有学者认为盐源玛瑙的石英颗粒为等粒状结构，粒度大小多为0.02~0.2毫米，应当归属于石英岩玉的范畴更为合适。

a　手串　　　　　　　　　　　　　b　手把件

图 9-73　盐源玛瑙成品

（图片来源：刘阳提供）

红色盐源玛瑙的主要颜色成因是含有赤铁矿，同时伴有少量针铁矿的出现。赤铁矿含量越多，红色就越暗。当针铁矿含量增多时，红色变得明快；当只有针铁矿存在时，就会呈现黄色。粉紫色、紫色盐源彩玉由赤铁矿及锰离子（Mn^{3+}）共同致色。绿色主要是铜离子致色，铁可能对致色有所贡献。黄色主要由铁离子（Fe^{3+}）所致，主要致色矿物为针铁矿。黑色可能由过渡金属元素铁的硫化物所致。

（六）缟玛瑙

"缟"原指纹理细密、未经过染色的白色丝制品。缟玛瑙（onyx），又称"条带玛瑙"是指具缟状纹带（即非常细的平行纹带）的玛瑙，常见的缟玛瑙可有黑（灰）、白或红白相间的条带（图9-74）。

条纹十分细窄的缟玛瑙可称为缠丝玛瑙（sardonyx），其条纹通常是红色或褐色与白色相间分布。缠丝玛瑙以细如油丝且变化丰富者为好，其中由缠丝状红、白相间的条带组成的缠丝玛瑙最为珍贵（图9-75）。

目前，市场上最受热捧的缟玛瑙主要是"战国红"玛瑙。战国红玛瑙首次发现于辽宁省朝阳市北票市，从2008年开始被大量采挖并进入市场，因其形、色、质、纹

图 9-74 缟玛瑙鼻烟壶（德国，19 世纪）
（图片来源：Cleveland Museum of Art, Wikimedia Commons,
Public Domain）

图 9-75 缠丝玛瑙
（图片来源：摄于中国地质博物馆）

与出土的战国时期的红缟玛瑙相似，被称为战国红玛瑙。战国红玛瑙的主要产地为中国的辽宁阜新（图 9-76、图 9-77）和河北宣化（图 9-78）。目前，市场上多见河北宣化产出的战国红玛瑙。此外，近些年在浙江金华浦江也发现了战国红玛瑙的产出（图 9-79）。

图 9-76 产自辽宁阜新的战国红
玛瑙原石
（图片来源：国家岩矿化石标本资源共享
平台）

图 9-77 产自辽宁阜新的战国红玛瑙原石

图 9-78 产自河北宣化的战国红玛瑙原石

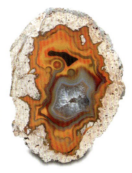

图 9-79 产自浙江浦江的战国红玛瑙原石
（图片来源：张轩提供）

　　战国红玛瑙是一种主要颜色为红色（图 9-80）和黄色（图 9-81）的缟玛瑙，与我国传统的美学相符合。偶见白色、紫色、黑色条带，多呈较宽的条带状、较细的纹带状相间分布，商业上称为"动丝"，但也有团块状、弥散状的颜色分布。此外，战国红玛瑙中也可含有白色、黑色、紫色等颜色的条带，但较为少见。战国红玛瑙多种颜色混织组合，常成条带相间分布，并形成多种美轮美奂的图案。

图 9-80　呈缟状纹理的战国红玛瑙原石　　　　图 9-81　以团块状黄色为主的战国红玛瑙原石
（图片来源：邓怡提供）　　　　　　　　　　　（图片来源：邓怡提供）

　　战国红玛瑙以颜色纯净、明亮的红色和黄色相间分布且颜色界限分明者为佳品，全为黄缟者也较为珍贵，带白缟者较为少见。高品质的战国红玛瑙结构均匀细腻，质感温润，不含杂质，无绺裂。但是若杂质形成具有美感的特殊纹理或图案，则需另当别论。在加工工艺方面，块度小者基本是做成桶珠或圆珠（图 9-82），块度大者做成雕件、手镯（图 9-83）、大方章等。

图 9-82　战国红玛瑙手串　　　　　　　　图 9-83　战国红玛瑙手镯

　　此外，在缟玛瑙中常可出现水晶玛瑙聚宝盆的形式（图 9-84）。水晶玛瑙聚宝盆是指一种水晶与玛瑙的组合体，原本自然球状的"晶腺体"一剖为二，就构成"盆基"和"盖"组成的水晶玛瑙聚宝盆。

图 9-84　水晶玛瑙聚宝盆

　　水晶玛瑙聚宝盆属于石英家族，通过周围岩层分泌的硅质溶液由外向内层层沉淀聚合而构成条带状集合体，外部为玛瑙，内部常由许多无色透明水晶或紫晶等晶簇组成。聚宝盆通常切开两部分摆放，在光源的照射下，盆中透明水晶晶体光芒四射，熠熠生辉，恰如盛装了各色宝石的聚宝盆。

　　人们总是将美好的希望寄托于一些自然形成的美好物质，因此，天然水晶玛瑙聚宝盆也被赋予了美妙的寓意，常被人们用作祈福、许愿的器物，希望能聚气、聚财。摆放聚宝盆，可以打开，也可以盖上。打开时表示纳气聚财，盖起来表示储存孵育。

（七）苔纹玛瑙

苔纹玛瑙又被称为"苔藓玛瑙"，是指一种含有绿色、红色、黑色等颜色的苔藓状（图9-85）、树枝状包裹体的玛瑙。其中，具有显著水草状图案的被称为"水草玛瑙"（图9-86）；具有显著树枝状铁锰氧化物的被称为"柏枝玛瑙"（dendritic agate）。苔纹玛瑙主要产于印度、中国辽宁阜新等地。

图9-85　苔纹玛瑙
（图片来源：摄于中国地质博物馆）

图9-86　水草玛瑙
［图片来源：摄于兰德纵贯文化发展（北京）有限公司］

（八）水胆玛瑙

水胆玛瑙是指封闭的玛瑙空腔中包裹有天然液体（主要是水）的玛瑙（图9-87），其中被包裹于玛瑙空腔中的水称为腔水。水胆玛瑙是玛瑙中价值较高的品种。

我国对水胆玛瑙的发现和利用至少有700年历史。据《云烟过眼录》（周密，1232—约1298年）记载："琼江石，浆水石，玛瑙也。二寸许乃块石耳，视之滴水在内，摇之则上下流动……越人董大于所蓄红玛瑙一块，径三寸许。摇撼之，其中有声泪泪然。"另据《古矿录》（章鸿钊，1877—1951年）记载，水胆玛瑙曾于黑龙江、安徽和江西三省有过发现。20世纪60年代中期，在辽宁省阜新市阜新蒙古族自治县苍土乡发现了一块珍贵的水胆玛瑙原石，后被运送到北京玉器厂，经过北京众多玉雕大师的精心设计，最终被雕刻成水胆玛瑙精品雕件——"水帘洞"，一直被珍藏于国家博物馆。水胆玛瑙"蟠桃会"（图9-88）由中国工艺美术大师张东才（1942—1995年）设计，荣获1983年中国工艺美术"百花奖"珍品金杯奖，现被中国工艺美术馆收藏。几乎大部分水胆玛瑙都是充填在基性岩、中性岩和火山凝灰岩的孔隙和空洞中，含硅质的热水溶液首先在空洞周围岩壁发生硅质（SiO_2）沉淀，随着热液继续供给，由外向内层层沉淀，当物质来源不充分或供应中断，便形成空心玛瑙，残留下的原始水溶液被封闭于空腔中，即成为腔水，形成水胆玛瑙。优质的水胆玛瑙主要产于巴西和乌拉圭。

图 9-87 水胆玛瑙
（图片来源：国家岩矿化石标本资源共享平台）

图 9-88 水胆玛瑙 "蟠桃会"
（图片来源：摄于中国工艺美术馆）

（九）火玛瑙

火玛瑙是指内部具结核状构造并具晕彩效应的玛瑙。玛瑙结构的细微层理间含有赤铁矿板片或薄层液体导致对入射光干涉、衍射，从而产生五颜六色的晕彩（图 9-89）。

图 9-89 火玛瑙原石
（图片来源：Robert M. Lavinsky，Wikimedia Commons，
CC BY-SA 3.0 许可协议）

火玛瑙的体色通常为橙黄或黄棕色，微透明至半透明（图 9-90），主要产于墨西哥中部和北部以及美国南部新墨西哥州、亚利桑那州和加利福尼亚州火山岩中。

（十）彩虹玛瑙

彩虹玛瑙是具细密层状构造并在透射光下观察显示光谱色彩虹效应的细纹带玛瑙（图 9-91）。

彩虹玛瑙的体色多呈白、浅灰白色，通常透明度较好（半透明以上）。彩虹玛瑙常被加工成薄片状（几毫米厚），并使纹带层面垂直或近垂直于表面，犹如衍射光栅的细

图 9-90　火玛瑙戒面
（图片来源：陈晨摄于中国地质博物馆）

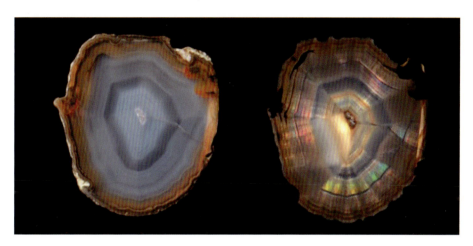

图 9-91　彩虹玛瑙原石
（图片来源：Amir Akhavan, www.mindat.org）

纹带会对入射光产生衍射，从而形成彩虹效应。

（十一）雨花石

雨花石有广义和狭义之分。广义雨花石指各种卵状砾石，它既包括千姿百态的玛瑙石，也包括各种色彩的燧石、硅质岩、石英岩、脉石岩、硅化灰岩、火山岩、蛋白石、水晶、紫水晶等。狭义的雨花石是指产于南京雨花台砾石层中的玛瑙。由于雨花石具有纹带状的显著特征，故古时称之为"文石"或"纹石"。雨花石具有红、黄、蓝、绿、褐、灰、紫、白、黑等多种色调，且花纹变化万千（图 9-92），被誉为观赏石中的"天下第一美石"。

按照原岩岩性和矿物成分，雨花石可以划分为多个类型，其中玛瑙类雨花石在水中

图 9-92　多种色调和纹理的雨花石
（图片来源：国家岩矿化石标本资源共享平台）

格外晶莹剔透，属雨花石中之上品，其自然花纹往往可以构成形似山水、人物、鱼虫等珍品。我国宝石鉴赏家李金发对雨花石赞美道：

> 二氧化硅热凝胶，五光十色俏。
>
> 石英玉髓蛋白石，燧石和玛瑙。
>
> 灿若明霞绮纹绕，石中皇后，天赐国宝。
>
> 天女散花花成石，绿雨调和玉色娇。
>
> 千里画卷一石描，彩虹挂碧霄。
>
> 细物润丽天工巧，粗枝婆娑摇。
>
> 朗日当庭影亦香，珠玑透莹，文锦生妙。
>
> 揉破秋霜千点雪，吹皱春水万顷涛。

　　雨花石文化的发展史与我国的赏石史、玉石史有着千丝万缕的联系。雨花石既有宝石的特质（如蛋白石、水晶、玛瑙、玉髓），又有极高的观赏价值。春秋末年，我国著名的思想家、教育家、儒家学说的创始人孔子所著的《尚书·禹贡》记载："扬州贡瑶琨。"瑶琨者，似玉的美石，玛瑙也。而扬州的辖区真州（今仪征市）唯盛产玛瑙，是雨花石的主产地之一。

　　古往今来，雨花石备受人们喜爱。历代名人及文人爱石甚多，周恩来总理曾经收藏雨花石，南京梅园新村依然陈列着周恩来总理当年保藏的雨花石；1988 年首尔奥运会上，中国体育运动员将雨花石作为中国的象征永久存在首尔。此外雨花石因多产于南京，以红色题材为主的雨花石作品也曾多次出现，并逐渐发展为传承红色革命精神的载体（图 9-93）。

a "东方红"　　　　b "太阳升"　　　　c "刘胡兰"

d "翻越夹金山"　　　e "香山红叶"　　　f "长城内外"

图 9-93　雨花石红色革命题材作品

四、玛瑙的质量评价

玛瑙的品种繁多，不同类别玛瑙品种其主要质量评价因素存在差异。总体来说，玛瑙主要从颜色、质地、透明度、条带、特殊图案、块度及加工工艺等方面进行评价。

（一）按颜色、条带分类的玛瑙

对于按颜色、条带分类的玛瑙来说，颜色和条带图案是决定其价值的重要因素。通常以颜色纯正鲜艳（图 9-94、图 9-95）、条带明显、层次感强、构成图案奇特美观者

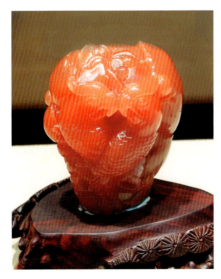

图 9-94　南红玛瑙摆件

（图片来源：摄于天雅古玩城）

图 9-95　玛瑙－镶金菊花套壶

（图片来源：王金高提供）

Quartzose Jade

为佳品（图 9-96、图 9-97）。其中，缟玛瑙中最名贵的是具有不同深浅和透明度的红色、肉红色纹带的红缟玛瑙。玛瑙聚宝盆以内部水晶晶体自形完美、颜色鲜艳均匀者为最佳。

图 9-96　构成奇特花纹图案的玛瑙

（图片来源：严薇、孙雪莹摄于美国纽约自然历史博物馆）

图 9-97　具有美观花纹图案的玛瑙

［图片来源：摄于兰德纵贯文化发展（北京）有限公司］

（二）按包裹体特征、特殊光学效应分类的玛瑙

对于按包裹体特征分类的玛瑙来说，包裹体的颜色、形状及分布程度是影响其价值的重要因素。

苔纹玛瑙的质量主要取决于颜色、质地、块度等方面。颜色通常以纯正、鲜艳的绿色为最佳（图 9-98）；质地以细腻、底色通透且无裂纹等瑕疵者为好；同时，块度越大、完整性越好，则价值越高。此外，苔纹玛瑙图案和花纹的美观（图 9-99）、珍奇程度也

图 9-98　水草玛瑙挂坠

（图片来源：戴俊涛提供）

图 9-99　苔纹玛瑙

（图片来源：谷亮提供）

150

是评价其价值的重要因素，组成图案自然、清晰完整、珍奇稀少、富有美感、寓意深刻者为珍品。

　　水胆玛瑙质量均与其外部玛瑙壁有关，通常以外部玛瑙壁颜色鲜艳、条纹明显、质地细腻、透明度高、无裂隙等瑕疵为佳。此外，水胆玛瑙以内部"水胆"越大、越多、形态完好、可见程度明显者为最佳。

　　火玛瑙和彩虹玛瑙中晕彩或变彩的色彩越丰富、越鲜明，则其质量越好。

　　此外，对于同等品质的成品玛瑙来说，其用料得当，块度越大、设计越新颖巧妙、加工工艺越精细，则价值越高。如玛瑙玉雕"诞生"（图9-100）、"莲韵清涛"（图9-101）、"龙盘"（图9-102）、"虾盘"（图9-103）等都被誉为国宝级作品。

图9-100　玛瑙雕件"诞生"
（图片来源：曹志涛提供）

图9-101　玛瑙雕件"莲韵清涛"
（图片来源：曹志涛提供）

图9-102　玛瑙雕件"龙盘"
（图片来源：摄于北京工艺美术馆）

图9-103　玛瑙雕件"虾盘"
（图片来源：摄于北京工艺美术馆）

第三节

碧石

碧石（jasper），矿物学名称为"碧玉"，是指微透明至不透明的隐晶质石英集合体（图 9-104、图 9-105），粒状结构。可含有较多的赤铁矿、针铁矿、绿泥石、云母等矿物，其中杂质含量可达 20% 以上。需要特别说明的是，在宝石学中的"碧玉"是指一种绿色的透闪石－阳起石质玉，是软玉中的重要品种，而非是此处的碧石。

图 9-104　含有赤铁矿的血红色碧石
（图片来源：Leon Hupperichs，www.mindat.org）

图 9-105　红色碧石摆件
（图片来源：摄于中国地质博物馆）

一、碧石的名称由来

碧石的英文名称源于希腊语 iaspis（ἴασπις），在拉丁语中也曾用 Iaspis 表示，12世纪的英格兰法语中演变为 jaspe，后在 13 世纪的英用法语词（诺尔曼时代在英国所用的法语）和古法语中变化为 jaspre，意指珍贵的有斑点或杂色的石头。19 世纪 50 年代，在法语中该词逐渐演变为 jaspé，可用来表示"像碧玉一样斑驳的颜色"。

二、碧石的历史与文化

最古老的碧石饰品可以追溯到旧石器时代。在古印度的哈拉巴文化（约公元前 3000—前 2000 年）遗址中，人们发现了碧石首饰。公元 1 世纪，意大利历史学家、哲学家老普林尼首次提到了魔术师将血滴石（一种暗绿色不透明至微透明的碧石，其上散布着棕红色斑点，犹如滴滴鲜血，故名血滴石）用作隐形石。公元 4 世纪，达米格尔翁（Damigeron）在《石头的美德》（*The Virtues of Stones*）中将血滴石描述成具有呼风唤雨、导致日食等神奇力量的石头。12 世纪末，血滴石被用来装饰在法国圣·斯蒂芬（St Stephen）的圣骨匣盒上。在欧洲中世纪，血滴石被用于表现教徒鞭笞和殉难的雕刻品。文艺复兴时期，意大利作家乔瓦尼·薄伽丘（Giovanni Boccaccio，1313—1375 年）在《十日谈》（*Decameron*）中也对血滴石的特点进行了描述。

三、碧石的主要品种及其特征

碧石颜色多呈暗红色、绿色、黄褐色或杂色等，但以绿色居多；通常表现为不透明或微透明，且光泽稍弱于玉髓。碧石依据颜色可划分为红碧石（羊肝石）、绿碧石、黄碧石等品种；依据特殊花纹图案可划分为风景碧石、血滴石等品种。其中，风景碧石、血滴石较为珍贵。

（一）红碧石

红碧石，又称"羊肝石"，多呈褐色、暗红色，因含有较多的赤铁矿、针铁矿等杂质而致色（图 9-106、图 9-107）。

（二）绿碧石

绿碧石，多呈绿、暗绿色，可具有深浅不同的条带，并常有白、灰白色或黑色斑点（块）或网脉（图 9-108、图 9-109）。

（三）黄碧石

黄碧石，呈各种黄褐色调，含有黏土矿物和褐铁矿（图 9-110、图 9-111）。因埃及盛产这种碧

图 9-106 橙红色碧石原石
（图片来源：祝凤提供）

图 9-107　红碧石原石

（图片来源：Adrian Pingstone, Wikimedia
Commons, Public Domain）

图 9-108　绿碧石原石

（图片来源：国家岩矿化石标本资源共享平台）

图 9-110　黄碧石原石

（图片来源：Philip Bluemner, www.mindat.org）

图 9-109　绿碧石唐马雕件

（图片来源：摄于中国地质博物馆）

图 9-111　黄、红相间的碧石原石

（图片来源：Gerard van der Veldt, www.mindat.org）

石而有"埃及碧石"之称。

（四）风景碧石

风景碧石是一种彩色碧石，是指有两种以上不同颜色的条带、色块交相辉映，犹如一幅美丽的自然风景画（图9-112），故而得名，是观赏石的品种之一。

图 9-112　风景碧石
（图片来源：Pavel M. Kartashov, www.mindat.org）

（五）血滴石

血滴石，又称"血玉髓"或"红斑绿玉髓"，是一种分布着血红色或棕红色斑点的绿碧石（图9-113）。其中红色的斑点由赤铁矿引起，犹如滴滴鲜血，故而得名血滴石。血滴石多为不透明，少数优质品可达半透明（图9-114）。

图 9-113　血滴石戒面
（图片来源：Rolf Luetcke, www.mindat.org）

图 9-114　血滴石原石
（图片来源：国家岩矿化石标本资源共享平台）

血滴石通常被加工成扁平面或梯形面的戒面，镶嵌为戒指或胸坠等首饰，还可被加工成雕件、随形挂坠、珠串等饰品，也可以用作图章石。

印度卡提阿瓦半岛是血滴石的著名产地。血滴石的其他产地还有巴西、澳大利亚、亚美尼亚、阿塞拜疆、保加利亚、苏格兰、美国和中国等。

四、碧石的质量评价

碧石的质量评价主要从颜色、质地、透明度、净度、特殊花纹（图案）、包裹体、块度和加工工艺等方面进行。

一般来说，按颜色分类的碧石要求颜色纯正、鲜艳，质地细腻、结构紧密，透明度高，裂纹、黑点等瑕疵少，块度大者为佳品。

对于按特殊花纹图案分类的风景碧石、血滴石来说，花纹和风景图案的特殊及美观是影响其价值的重要因素。在与按颜色分类的碧石类似的质量评价标准的基础上，风景碧石的图案越美观且有意境，象形图案越生动逼真、对比越鲜明者，价值越高。血滴石的质量主要与红色斑点及基底有关。红色斑点可从颜色、形态、数量和分布规律来进行评价，红色斑点的颜色通常以鲜红为最佳；形态以团块状、条带状为佳，星点状次之；数量越多、覆盖面积越大越好；以集中分布为上品，分散而不集中会降低其价值。基底可从颜色、透明度和质地来进行评价，以质地细腻、无黑点、半透明的深绿色为最佳，不透明的灰绿色至黑色次之。

此外，加工工艺也是影响成品碧石质量的重要因素之一。通常构思俏色越巧妙、加工工艺越精细，则价值越高。

第十章
Chapter 10
交代型石英质玉

交代型石英质玉是指具有二氧化硅交代假象的隐晶质—显晶质石英集合体，如木变石、硅化木、硅化珊瑚。

第一节

木变石

木变石（silicified asbestos），也被称为"硅化石棉"，是指由二氧化硅热液交代石棉纤维（一般为钠质闪石石棉）并保留石棉形状而形成的一种隐晶质—显晶质石英集合体（图 10-1）。

图 10-1　木变石印章

（图片来源：国家岩矿化石标本资源平台）

一、木变石的基本特征

（一）组成矿物及化学成分

木变石主要由石英组成，可含有交代不完全的钠闪石、少量方解石、白云石、针铁矿、赤铁矿等矿物。其主要化学成分为二氧化硅（SiO_2），可含有少量铁（Fe）、铝（Al）、镁（Mg）、钙（Ca）、锰（Mn）、钠（Na）、钾（K）等元素。

（二）结构构造

木变石的原始矿物为蓝色的钠闪石石棉，后期被二氧化硅交代后仍保留纤维状外观，以纤维状结构为主，有时可见粒状结构。高倍显微镜下观察，"纤维"细如发丝，密集定向平行排列，直径约为30~60微米。在应力作用下，其可呈现波浪状走向。交代形成的二氧化硅已具脱玻化现象，呈非常细小的石英颗粒，相邻区域内的石英颗粒具有近一致的集体消光性。

（三）物理性质

木变石的常见颜色包括金黄色、褐黄色、灰蓝色和绿蓝色等，此外还可见紫红色、褐紫色及杂色等，其颜色是由石棉中析出的铁质沉淀在纤维状石英颗粒孔隙之间所致，且颜色变化与硅化交代石棉程度有关。抛光面可呈丝绢光泽、玻璃光泽，微透明至不透明。折射率为1.53~1.54（点测法），摩氏硬度为6.5~7.0，密度为2.59~2.65克/厘米^3。

二、木变石的主要品种及其特征

木变石根据颜色主要分为四类：黄色木变石、蓝色木变石、紫红色木变石、多色木变石。

（一）黄色木变石

黄色木变石，又被称为"虎睛石"，是指黄色、金黄色、棕黄色、褐色的木变石，是木变石中最为常见的品种（图10-2、图10-3）。其颜色由褐铁矿所致，铁质矿物越富集，颜色越深。金黄色虎睛石（图10-4）产量稀少，价值相对较高。棕黄色虎睛石较为常见，价值较低。

图 10-2　虎睛石摆件
[图片来源：摄于兰德纵贯文化发展（北京）有限公司]

图 10-3　虎睛石鼻烟壶
（图片来源：摄于中国地质博物馆）

图 10-4　金黄色虎睛石手串
（图片来源：国家岩矿化石标本资源平台）

（二）蓝色木变石

蓝色木变石，又被称为"鹰睛石"，是指纯蓝色、蓝灰色、蓝绿色的木变石（图 10-5）。其产量稀少，是木变石中较为贵重的品种。其蓝色由残余的钠闪石石棉所致。在矿区中，多分布于矿脉边部与蓝石棉脉或围岩接触部位，呈脉状，局部为透镜体状。

（三）紫红色木变石

紫红色木变石即颜色为紫红色的木变石（图 10-6）。其产量稀少，通常产于矿脉深部，风化作用弱，结构坚硬、构造致密。

（四）多色木变石

多色木变石又称"斑马虎睛石"，是指红色、黄色、蓝色等多种颜色斑杂分布的木变石（图 10-7）。该品种的纤维状结构排列不规则，呈丝绢光泽。

图 10-5　蓝色木变石手串
（图片来源：国家岩矿化石标本资源平台）

图 10-6　紫红色木变石手串
（图片来源：国家岩矿化石标本资源平台）

图 10-7　木变石鸳鸯盒
（图片来源：摄于中国工艺美术馆）

三、木变石的质量评价

木变石的质量评价可从颜色、质地、块度、加工工艺四个方面进行。

（一）颜色

木变石的颜色主要包括紫红色、黄褐色、金黄色、蓝色—灰蓝色。不同颜色的木变石稀有程度不同，因此价格存在差异。金黄色和蓝色的木变石最为稀有，价值较高。黄褐色是木变石中最为常见的品种，价值较低。紫红色木变石产量稀少，但可以由黄褐色木变石经热处理优化而形成，因此价值不高。对于同一颜色品种而言，颜色均匀、纯正、鲜艳者，价值更高。

161

（二）质地

组成木变石的纤维状石英直径越小、结合越致密，无裂纹、杂质，且"猫眼"越明亮、灵活，价值则越高（图10-8）。

（三）块度

木变石的块度越大，价值越高。在市场中，木变石多数被加工成珠状（图10-9），其粒径越大，价值也会有相应提升。

图 10-8　木变石手串
（图片来源：国家岩矿化石标本资源平台）

图 10-9　虎睛石项链
（图片来源：国家岩矿化石标本资源平台）

（四）加工工艺

木变石也可被加工成雕件或摆件（图10-10、图10-11）。若在加工中构思巧妙、俏色新异、加工精细，也可提升其价值。

图 10-10　虎睛石雕件
（图片来源：国家岩矿化石标本资源平台）

图 10-11　木变石雕件
（图片来源：国家岩矿化石标本资源平台）

四、木变石的成因与产地

　　木变石主要产于变质石棉矿床。目前，国内外普遍认同的木变石形成机制是由德国矿物学家威贝尔提出的石英交代蓝石棉而形成假象的理论。国内学者也普遍认为木变石是蓝石棉后期硅化的产物，由含二氧化硅低温热液沿构造活动渗入蓝石棉矿脉并滞留、交代蓝石棉，而将钠、镁、铁等组分置换，同时保留了原有的纤维结构，最终形成木变石。木变石产量丰富，世界最大的木变石产地为南非北开普省格里夸敦附近，其次为巴西、纳米比亚和澳大利亚等地。在我国的河南内乡—淅川一带、贵州的罗甸、陕西商南东南部等地也有产出。

第二节

硅化木

　　硅化木（silicified wood）是指埋于地下的树木被二氧化硅热液充填交代，并保留木质结构和外观而形成的一种隐晶质—显晶质石英集合体。优质的硅化木是一种重要的宝玉石材料，因质地细腻、色泽古朴、纹理独特而深受人们的喜爱。

一、硅化木的基本特征

（一）组成矿物及化学成分

　　硅化木的主要组成矿物为石英或蛋白石，含有少量方解石、白云石、褐铁矿、黄铁矿、有机质等。其化学成分包括无机质和有机质两部分；无机成分主要为二氧化硅（SiO_2），可含有少量铝（Al）、铁（Fe）、钠（Na）、钾（K）、镁（Mg）、钙（Ca）、磷（P）、钡（Ba）等元素；有机质包括缬氨酸、天冬氨酸、谷氨酸、甘氨酸、丝氨酸、丙氨酸、苏氨酸、甲硫氨酸、亮氨酸、苯丙氨酸等10多种氨基酸。

（二）结构构造

硅化木为隐晶质—显晶质集合体，粒状结构，并且保留了树木特有的交代假象木质结构，横截面有特征的树木年轮纹理（图10-12），纵截面可见木纹、树皮（图10-13）、节瘤、蛀洞等。

此外，硅化木中存在管胞是决定针叶树材材性的主要因素。管胞是针叶树材中轴向排列的厚壁细胞，两端封闭，内部中空，细而长，细胞壁上具有纹孔，同时起输导水分和机械支撑的作用。在偏光显微镜下能见到硅化木的管胞在横切面上沿径向排列，相邻两列管胞位置前后略交错，早材呈多角形（常为六角形），晚材呈四边形（图10-14、图10-15）。

图 10-12　具特征的树木年轮纹理的硅化木
（图片来源：孙雪莹、严薇摄于美国纽约自然历史博物馆）

图 10-13　具特征的木纹及树皮的硅化木
（图片来源：孙雪莹、严薇摄于美国纽约自然历史博物馆）

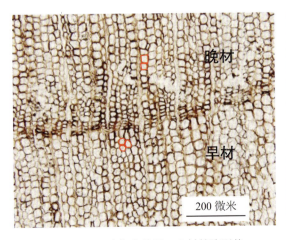

晚材

早材

200 微米

图 10-14　硅化木的早、晚材管胞形状

100 微米

图 10-15　直径较大的管胞

（三）物理性质

硅化木的主要颜色为浅黄至黄、棕黄、棕红、灰白、灰黑等。常见几种颜色组合在一块或一枝硅化木上，形成彩色或多色相映的硅化木。抛光面常呈玻璃光泽，断面呈蜡状光泽，有时可见油脂光泽。多为半透明至不透明。折射率为 1.540~1.550。摩氏硬度为 6.5~7.0，比纯石英硬度 7.0 略低，密度为 2.57~2.64 克/厘米^3。

二、硅化木的主要品种及其特征

根据二氧化硅的结晶程度，硅化木通常可分为普通硅化木、玛瑙硅化木和蛋白石硅化木三个品种。

（一）普通硅化木

普通硅化木（petrified wood）是指以隐晶质—微粒石英为主要组成矿物，质地较粗糙的一种硅化木，是硅化木中数量最多的品种（图 10-16）。其颜色和所含杂质离子与树木原始状态和形成地质环境相关，宏观整体上保留完整树木外形特征，微观上保留清晰的木质结构（图 10-17、图 10-18）。

图 10-16　中国地质大学（北京）校园内的硅化木
（中国黄金集团捐赠）

图 10-17　保留树木外形特征的硅化木
（图片来源：摄于中国地质博物馆）

图 10-18　产自北京延庆的硅化木

（二）玛瑙硅化木

玛瑙硅化木（agatized wood），俗称"树化玉"，是指以隐晶质石英为主要组成矿物、细腻的玛瑙质质地、外观似树干的一种硅化木（图10-19、图10-20）。其颜色有白、灰、褐、红、绿、黑等，宏观整体上保留部分树木明显的外形特征，微观上基本为细腻的玛瑙质。

图 10-19　玛瑙硅化木
[图片来源：摄于中国地质大学（北京）]

图 10-20　玛瑙硅化木

（三）蛋白石硅化木

蛋白石硅化木（opalised wood）是指非晶态蛋白石占50%以上、次要矿物为隐晶质石英、质地致密的一种硅化木（图10-21、图10-22）。其颜色多呈灰、灰白、土黄色等，可显示变彩效应，宏观整体上保留部分树木明显的外形特征，微观上基本为细腻的蛋白石和隐晶质石英。

图 10-21　蛋白石硅化木
（图片来源：马媛梦提供）

图 10-22　蛋白石硅化木
［图片来源：摄于兰德纵贯文化发展（北京）有限公司］

三、硅化木的质量评价

硅化木的质量评价主要从颜色、光泽、质地、块度、造型等方面进行。以颜色纯正鲜艳、光泽强、硅化程度高、质地致密细腻坚韧、块度大、造型优美、树干完整、有枝有节、表面年轮木纹清晰者为佳品（图 10-23）。总体来说，玛瑙硅化木品质优于其他硅化木（图 10-24）。

图 10-23　产自新疆的硅化木

（图片来源：摄于中国观赏石协会）

图 10-24　绿色玛瑙质硅化木

四、硅化木的成因与产地

硅化木属于热液交代成因，即埋藏于地下的树木，在一定温度、压力、酸碱度等条件下，含有二氧化硅溶液与树木纤维发生反应，交代充填木质纤维并保留其形态和结构而形成。硅化木主要赋存于中生代，尤其是侏罗纪、白垩纪陆相地层中。

硅化木分布广泛，国外主要产地有欧洲各国、美国、古巴、缅甸等，中国主要产地有新疆（图 10-25）、北京（图 10-26）、河北、云南、山东、甘肃、福建和辽宁等。

图 10-25　产自新疆的硅化木
（图片来源：国家岩矿化石标本资源平台）

图 10-26　产自北京的硅化木

第三节

硅化珊瑚

硅化珊瑚（silicified coral），俗称"珊瑚玉"或"菊花玉"，是指含二氧化硅热液流体交代珊瑚化石原岩的成分，并保留珊瑚原有的生物形态和结构而形成的一种隐晶质—显晶质石英集合体。

在珠宝玉石加工行业中，这种保留古生物化石珊瑚形态和结构的硅化珊瑚，常因切磨方式（垂直于珊瑚延伸方向）而呈现独特的菊花状纹理（图10-27、图10-28），朵朵"菊花"各不相同，体现陶渊明的"采菊东篱下，悠然见南山"的意境，也有吉祥、长寿的寓意。

此外，硅化珊瑚作为古生物化石，记录了地球生命历史，通过化石生态复原，可重现亿年前珊瑚的生态环境。

图10-27　硅化珊瑚挂坠

图10-28　硅化珊瑚手镯

（图片来源：摄于故宫博物院专题展览）

一、硅化珊瑚的基本特征

（一）组成矿物及化学成分

硅化珊瑚主要由石英组成，可含有少量的蛋白石和方解石、有机质残余物。其主要化学成分为二氧化硅（SiO_2），可含有少量铁（Fe）、铝（Al）、镁（Mg）、钙（Ca）、钠（Na）、钾（K）、锰（Mn）、镍（Ni）等元素。

（二）结构与构造

硅化珊瑚为隐晶质结构、粒状结构。硅化珊瑚是一种硅化的古生物化石，保留原有的珊瑚生物结构，横切面可见车轮状、菊花状纹理，放大检查可见同心放射状构造。

硅化珊瑚的结构可分为两部分：一是保留同心放射状结构的珊瑚骨架部分，包括外壁、隔架和中轴（复中轴），由结晶度较低的胶质石英组成，其内散布极细粒的黑色富碳颗粒，为少量有机质残余物，整体呈黄白色，透明度差。

二是除珊瑚化石骨架外的基质部分，由充填在珊瑚骨架内部及珊瑚骨架之间的石英晶体组成，石英晶体呈他形粒状，具隐晶质结构，石英颗粒的粗细和均匀程度决定了硅化珊瑚的透明度。对于透明度较差的硅化珊瑚，其组成基质的石英颗粒不均匀，靠近珊瑚骨架

处石英结晶较细，远离骨架处石英结晶较粗。珊瑚化石骨架之间可见玛瑙的条带构造。

（三）物理性质

硅化珊瑚的颜色主要有黄白、灰白、黄褐橙红等。赤铁矿和针铁矿以细小粉末形式存在硅化珊瑚中，为红、黄等色调的致色原因。硅化珊瑚呈玻璃光泽，断口处具有油脂或蜡状光泽。多为半透明至不透明，透明度与其结构相关：一是与同心放射状骨架的富集度相关，骨架越小、明显、密集，硅化珊瑚的透明度越低；二是构成基质的石英颗粒越细小，硅化珊瑚的透明度越高。折射率为 1.53~1.54（点测）。紫外灯下一般呈黄白－白色荧光，不透明区域发光性强，长波强于短波。摩氏硬度为 5~7，密度为 2.48~2.85 克 / 厘米^3。

二、硅化珊瑚的质量评价

硅化珊瑚主要从纹理、颜色、质地、净度、大小五个方面进行评价，其中纹理是最重要的评价因素。

（一）纹理（花纹）

硅化珊瑚因其特有的菊花状、车轮状等纹理而著称，故纹理（花纹）是最重要的评价因素，其纹理越完整、自然、清晰，与基底颜色对比越明显，硅化珊瑚的价值越高。同一块硅化珊瑚表面拥有 80% 以上的花纹算是"满纹"（图 10-29、图 10-30），其价值也会相应提高。

图 10-29　纹理较好的硅化珊瑚挂牌　　　　图 10-30　硅化珊瑚手镯

（二）颜色

硅化珊瑚的颜色主要有黄白—金黄—橘黄—黄褐、灰白—灰黑—黑褐色、肉粉—深红色，亦可见稀少的淡紫色和淡墨绿色。一般认为，硅化珊瑚的颜色以金黄、橘黄、深红、浅紫色价值较高，颜色越鲜艳者越珍贵，同一块硅化珊瑚中聚集的亮丽颜色越多，其价值越高。

（三）质地

质地是指除去珊瑚骨架的部分的细腻程度，越通透莹润，价值越高。市场上常称此项因素为"玉化程度"，认为质地不好的部分不足以称之为"玉"。通常，除去珊瑚骨架的硅化珊瑚均主要由石英组成，石英颗粒较细且分布均匀时，硅化珊瑚的透明度越高、光泽越强、润度越好，质地越优。

（四）净度

天然的硅化珊瑚常会存在或大或小的砂孔和裂隙等。砂孔是指硅化珊瑚经抛光后仍然存在的凹坑——交代残余的珊瑚骨骼，影响美观，其大小程度会适当降低其价值，裂隙也会降低其价值。

（五）重量

硅化珊瑚成品的大小一般用长、宽、厚标定规格，以毫米为单位，按每件单价销售。同等品级的珊瑚玉规格越大，价值越高。

三、硅化珊瑚的成因与产地

珊瑚虫属刺胞动物门珊瑚虫纲，生活在浅海。珊瑚是由珊瑚虫分泌的钙质外壳堆积而成。珊瑚主要由碳酸盐质矿物组成，因具有较高的孔隙度，故容易发生后期热液蚀变作用，如硅化、碳酸盐化等，含有二氧化硅的低温热液流体交代置换出珊瑚化石原有的矿物成分，还保留珊瑚原有的结构构造，从而形成了硅化珊瑚。

目前，发现产出硅化珊瑚的国家仅有印度尼西亚和菲律宾。印度尼西亚的主要产地位于苏门答腊西部的巴里桑山脉，该地区属于特提斯区域地质构造带，所具有的前古近纪地层和地质体及其岩浆活动旋回、板块构造和地质构造演化历史在特提斯构造域中极具特色。所产出的珊瑚群化石的单个珊瑚虫化石呈菊花状或车轮状。

四、钙质珊瑚的特征

珊瑚易受成岩作用的影响而形成珊瑚化石，根据与其发生交代作用的热液流体不同，可分为硅化、方解石化、白云石化。在珠宝销售市场上，与硅化珊瑚在颜色和纹理最相似的还有钙质珊瑚化石。

钙质珊瑚化石的主要组成矿物为方解石，属碳酸盐质珊瑚化石，呈玻璃光泽，硬度

比硅化珊瑚要低，为 3.5~4.5，折射率为 1.49（点测），密度为 2.65~2.80 克 / 厘米 ^{3}，遇稀盐酸会发生反应产生气泡。

在我国，钙质珊瑚的产地主要有陕西宁强、四川广元、云南、新疆和湖北等。其中，产于陕西宁强和四川广元的钙质珊瑚化石均处于同一矿带，玉化程度较好。陕西宁强的钙质珊瑚化石纹理多样，可呈现细纹、粗纹、星点纹、雪花纹、单体纹等，其中雪花纹与新疆钙质珊瑚化石的纹理相似，但其珊瑚单体较小，纹理较细密。新疆所产的钙质珊瑚化石，颜色多呈灰绿色，不透明，同心环状纹理呈密集随形排列，单个珊瑚虫化石的纹理之间有白色几何状纹路作为间隔。

五、特殊的硅化古生物化石

除上述木变石、硅化木、硅化珊瑚三种交代型石英质玉，近几年发现有硅化恐龙骨化石，经过含二氧化硅热液流体交代充填恐龙骨骼的成分，并保留恐龙原有的生物形态和结构而形成的一种隐晶质—显晶质石英集合体，产自美国犹他州莫里森组地层（全世界唯一发现地）的硅化恐龙骨化石结构致密、颜色鲜艳、图案独特，并具有极其珍贵的科学研究价值（图 10-31）。

图 10-31　产自美国犹他州莫里森组地层的硅化恐龙骨化石
[图片来源：摄于兰德纵贯文化发展（北京）有限公司]

第十一章
Chapter 11
石英质玉的其他特色品种

 *Quartzose Jade*

在珠宝玉石市场上，还有一些其他特色石英质玉品种，主要有鸡血玉、金丝玉、阿拉善玉、台山玉、大别山玉、通天玉等，具有地方特色和产地意义，丰富了石英质玉的家族。

第一节

鸡血玉

鸡血玉是产于广西壮族自治区桂林市龙胜各族自治县的大地—三门—鸡爪一带的一种石英质玉，又被称为"龙胜玉"。鸡血玉的主要矿物成分为石英，次要矿物为赤铁矿、针铁矿、磁铁矿、白云石、黄铁矿、绿泥石、滑石、磷灰石、方解石等。

一、鸡血玉的主要品种及其特征

按照主体颜色的不同，鸡血玉主要可分为红色、黄色、黑色、白色、绿色等品种，其中以红色最为常见且最具代表性。此外，当鸡血玉中多种颜色同时出现，并且搭配恰当时能够呈现丰富多彩的图案，为花色鸡血玉。

（一）红色鸡血玉

红色鸡血玉的致色矿物为赤铁矿，点状赤铁矿的聚集会使鸡血玉呈红色。按照红色明度和彩度的不同，鸡血玉主要可分为深红色、艳红色（图11-1）、浅红色等，有时也会伴随其他颜色色调，如紫红（图11-2）、橙红（图11-3、图11-4）等。此外"鸡血红"是指含高价铁离子及微量元素而呈现的鲜红、大红及血红色调。深红色鸡血玉颜色深沉厚重，通常出现在黑色基底上，在深色调的底色映衬下呈现高贵与稳重；艳红色鸡血玉的颜色鲜艳明快，通常出现在白色基底上，与浅色调的底色形成鲜明的对比；浅红色鸡血玉颜色清新雅致，通常出现在白色基底上，颜色分布较为均匀。

图 11-1　红色鸡血玉原石摆件　　　　　　　　　　图 11-2　紫红色鸡血玉原石摆件

[图片来源：摄于兰德纵贯文化发展（北京）有限公司]

图 11-3　橙红色鸡血玉原石摆件　　　　　　　　　图 11-4　橙红色鸡血玉手镯及镯心
（图片来源：赵虹提供）　　　　　　　　　　　　　（图片来源：赵虹提供）

（二）黄色鸡血玉

黄色鸡血玉的颜色通常为橙黄色、金黄色（图 11-5），颜色常呈团块状分布在白色

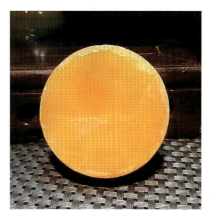

a　手镯　　　　　　　　　　　　　　　b　手镯心

图 11-5　黄色鸡血玉手镯和手镯心
（图片来源：赵虹提供）

的基底上或同时与红色交织出现，黄色鸡血玉的致色矿物主要为针铁矿。

（三）黑色鸡血玉

黑色鸡血玉的致色矿物主要为赤铁矿和磁铁矿。当赤铁矿以极小点状颗粒、颜色呈黑红色存在，且斑点状赤铁矿堆积达到一定厚度时，透射光的能力减弱，整体呈黑色。此外，鳞片状赤铁矿结晶良好（镜铁矿），呈铁黑色至钢灰色，且还有一些磁铁矿还未完全被氧化为赤铁矿，也同样可以使鸡血玉呈黑色（图11-6）。

a 手串   b 玉牌   c 山子

图 11-6 黑色鸡血玉成品
（图片来源：赵虹提供）

（四）白色鸡血玉

白色鸡血玉主要含石英，其他矿物成分较少，因此呈现白色的外观。颜色分布均匀，通常以白色作为基底，具少量的红色（图11-7）、绿色等其他颜色。

a 摆件   b 吊坠   c 吊坠

图 11-7 白色鸡血玉成品
（图片来源：赵虹提供）

（五）绿色鸡血玉

绿色鸡血玉的主要致色矿物为绿泥石，绿泥石常以细小的鳞片状分散在石英颗粒之间。绿色鸡血玉的颜色通常呈团块状、云雾状分布在白色的基底上（图11-8）。当绿泥石颗粒较小且分布均匀时，能够呈现均匀的绿色、暗绿色，整体具有较高的透明度。

a　绿色鸡血玉手镯　　　　　　　b　绿色鸡血玉手镯　　　　　　c　绿色鸡血玉山子：层林尽染

图11-8　绿色鸡血玉成品

（图片来源：赵虹提供）

（六）花色鸡血玉

花色鸡血玉是鸡血玉中十分常见的品种，通常多种颜色同时出现，如红色、黄色、黑色或白色等（图11-9）。在花色鸡血玉中，不同颜色呈条带状、团块状交织分布。当颜色比例协调、形状搭配得当时，能够构成特殊的图案或花纹，富含独特的美学效果，也可以作为巧雕的俏色题材作品。

a　花色鸡血玉壶　　　　　　　b　花色鸡血玉犀牛　　　　　　c　花色鸡血玉俏色：财神驾到

图11-9　花色鸡血玉成品

（图片来源：赵虹提供）

二、鸡血玉的质量评价

鸡血玉作为石英质玉石家族中一个重要的品种，其质量评价通常可以从颜色、质地、净度、透明度、重量、加工工艺等方面进行。

（一）颜色

鸡血玉的颜色是质量评价中非常重要的因素。鸡血玉可以具有多种颜色，有七彩鸡血玉之说。依据习惯，人们将红色称为"血"，其他颜色称为"地"。首先要看颜色的种类，鸡血玉有丰富的颜色，如红色、黄色、黑色、白色、绿色等，整体而言，红色鸡血玉相比其他颜色而言，通常具有较高的价值，其中红色要求"正、浓、艳、匀"，以如血一般鲜艳、活泼和灵动的艳红色最佳，其次为深红、橙红、紫红、粉红等，其他颜色要求与红色类似，以颜色纯正均匀为佳（图11-10）。

此外，要看颜色的搭配。受传统文化影响，红色与黑色基底的搭配格外受中国人偏爱，要求界限分明，颜色对比强烈，黑色要纯正，庄严大气。红色配白色基底的鸡血玉也越来越受到消费者喜爱，以白如凝脂、不掺杂色最好，更显其玉质细腻柔润。红色与黄色搭配也十分吸引人。同样的色彩搭配，红色的面积占整个鸡血玉的比例越高，价值越高。有些鸡血玉"血"的面积不大，但是有多种色彩，显示如山水画意境，使人觉得有景可看、有韵味可品、有寓意可悟，价格也不菲（图11-11）。鸡血玉色形千姿百态，通常以颜色集中或者有一定形态为佳，而其次为色形散乱分布无规则者。

图11-10　颜色浓艳均匀的红色鸡血玉原石摆件
（图片来源：赵虹提供）

图11-11　呈现山水画图案的鸡血玉挂件
（图片来源：赵虹提供）

（二）质地

鸡血玉的质地即结构的紧密程度与矿物颗粒的大小。质地影响了鸡血玉的很多性质，与鸡血玉的硬度、韧性、透明度、光泽及美观度等密切相关。质地紧密、矿物颗粒小、结晶程度低的鸡血玉透光性高和耐久性更高，因此价格也较高。细腻质地会使颜色浅的鸡血玉晶莹明亮，也可以使不够均匀的颜色映射出柔和色彩，使整件鸡血玉温润柔腻（图11-12）。

（三）净度

鸡血玉的净度是指鸡血玉的内外部特征对其外观的美观或者整体结构的耐久性的影响程度。通常从绺裂大小、深浅和分布情况等方面进行评价，浅色的小绺裂不易察觉，对净度影响较低，而斑杂状的脏点和色团越少对净度的影响越小，净度则越高（图11-13）。

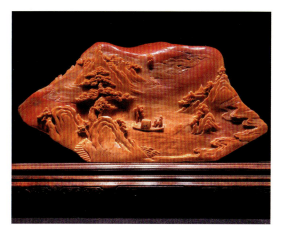

图 11-12　质地细腻鸡血玉山水雕琢摆件
（图片来源：赵虹提供）

图 11-13　高净度鸡血玉摆件
（图片来源：赵虹提供）

（四）透明度

鸡血玉的透明度受其结构紧密程度、矿物颗粒大小、结晶程度、赤铁矿含量影响。鸡血玉的透明度在不同情况下对质量的影响出现不同情况，鸡血玉的透明度高，晶莹剔透，会使颜色显得温暖活力；透明度低，鸡血玉有时能够呈现一定的温润感，显得沉稳深邃。鸡血玉白底的主要矿物是白色透明的石英，含有赤铁矿会降低透明度，通常以有一定的透明度为佳，有利于对比衬托主体颜色的明亮艳丽，而在黑底的鸡血玉中因为含有大量黑色赤铁矿而不透明，但质地细腻，故不透明度反而更有利于整体的呈现效果。

（五）重量

鸡血玉的重量也就是块度，其变化范围大，从几十克到几十千克的块度均较为常见，在鸡血玉的其他质量评价要素相同的情况下，其重量越大则越稀有，也就具有较高的价值（图11-14）。

图 11-14　巨大型紫红色鸡血玉柱状原石摆件

（六）加工工艺

　　鸡血玉的加工工艺即雕工，加工工艺好成品就有很大的升值空间（图 11-15）。鸡血玉主要做印章、摆件、挂饰等。按照国家标准《玉雕制品工艺质量评价》（GB/T 36127—2018），鸡血玉加工工艺评价可以从选料用料、造型设计、雕琢制作工艺和配件四个方面进行。

　　一是雕刻是否料尽其用，颜色是否使用恰当，质地配合是否完美，所雕题材工艺是

a　"大好河山"　　　　　　　　　　　　　　　b　"林深见鹿"

图 11-15　雕琢精良的鸡血玉摆件

（图片来源：赵虹提供）

否最大限度地体现鸡血玉玉料的美；二是雕刻的题材、图案、线条和比例是否适宜，人像、花卉图案是否精细，是否恰当利用俏色与颜色分布；三是雕工是否简洁有力，线条是否自然流畅、粗细均匀以及抛光是否精细；四是雕刻作品的底座等配件能否突出主题、搭配得当且耐久牢固。

第二节

金丝玉

金丝玉是指主要由隐晶质—显晶质石英及少量云母、绢云母、绿泥石、褐铁矿等矿物组成的集合体，主要产于新疆维吾尔自治区行政区域内，常见于新疆准噶尔盆地及周边地区（新疆克拉玛依市乌尔禾区魔鬼城方圆100千米的戈壁滩、沙漠等）地域。常见颜色为黄色、红色、白色等，当含有不同的微量元素（如铁、锰、镍、铬等）或混入其他有色矿物时，可呈现不同颜色（图11-16）。

图 11-16　金丝玉原石
（图片来源：牛春旺提供）

一、金丝玉的主要品种及其特征

在团体标准《石英质玉（金丝玉）鉴定与分类》（T/CAQI 76—2019）中，根据金丝玉的外观和颜色特征的不同，主要可分为水系、火系、金系、木系和土系五类。

（一）水系金丝玉（单色）

水系金丝玉是指透明度好（微透明以上）的单色金丝玉。主要有红、黄、白、烟青、黑等颜色（图11-17）。水系金丝玉的透明度多数为半透明—微透明（透料），少数为半透明（光料）、亚透明—半透明状且外观如胶冻、果冻、冰冻状（冻料）、透明—亚透明且因光的折射和衍射造成表面形成的一种类似荧光效果（宝石光）（图11-18）。

图 11-17　各色金丝玉手串

图 11-18　宝石光金丝玉挂坠
（图片来源：赵艺卓提供）

（二）火系金丝玉（多色）

火系金丝玉是指具有两种颜色以上的金丝玉。其中常见的双色金丝玉有多个品种，如：月光种（白和黄）（图11-19）、桃花种（白和红）、青花种（黑或烟青和白）（图11-20）、烟青种（黄和烟青，俗称辉煌料）（图11-21）、彩虹种（黄和红）（图11-22）、天山翠（颜色质地类似翡翠）、乌鸦种（黄和黑）、关公种（红和黑或烟青）、紫金种（紫和黄）等。除了双色金丝玉，还有两种颜色以上的多色金丝玉品种，常见如红、黄、黑和白等颜色的组合。火系金丝玉多数为透料，少数为冻料、光料或宝石光。

图 11-19　月光种金丝玉手镯

图 11-20　青花种金丝玉手串

图 11-21　烟青种金丝玉手镯

图 11-22　彩虹种金丝玉挂坠

（三）金系金丝玉（漆状）

金系金丝玉也称作沙漠漆（图 11-23），玉质凝稠感强，外观如油漆般细腻、油润。金系金丝玉多数为冻料、透料，少数为光料。

图 11-23　具有漆皮的金系金丝玉原石

（图片来源：张成方，2021）

（四）木系金丝玉（木状）

木系金丝玉是外观呈木纤维状或木纹纹理状的金丝玉（图 11-24）。木系金丝玉多数为透料。

图 11-24 木系金丝玉挂坠
（图片来源：赵艺卓提供）

（五）土系金丝玉（泥状）

土系金丝玉也可称为泥石玉，多数为透料或不透明，外观如瓷器凝重（瓷料）（图 11-25）。

图 11-25 土系金丝玉茶具
（图片来源：赵艺卓提供）

二、金丝玉的质量评价

金丝玉的质量评价通常可以从颜色、质地、净度、透明度、重量、加工工艺等方面进行。

（一）颜色

金丝玉的常见颜色为红、黄、白（图11-26），也有少部分呈绿色、黑色（图11-27）等。按照颜色的具体表现效果可细分为艳红、桃花红、枣红、紫红、橙黄、土黄、青白、浅灰、深灰、墨黑、浅绿等。金丝玉颜色十分丰富，对具体不同颜色的纯正度和均匀度有相似的要求，总体而言，颜色的纯正度和均匀度越高，则金丝玉品质就越好。

图 11-26　多种颜色的金丝玉手串

图 11-27　黑色金丝玉茶壶

（二）质地

金丝玉的质地主要是指矿物颗粒大小、均匀程度及颗粒间的相互关系等因素所形成的综合特征的表现。金丝玉的质地可有隐晶质或显晶质，其中隐晶质金丝玉品种的颗粒细小，在肉眼观察时无法看到粒状结构，质地整体表现细腻，而显晶质金丝玉品种颗粒较粗，在肉眼下能够观察到粒状结构。金丝玉的质地越细腻，则品质越好。

（三）净度

金丝玉的净度是指内部、外部特征对其美观和耐久性的影响程度。一般影响净度的特征以肉眼观察为准，包括金丝玉内部和外部的绺裂、絮状物、砂眼等因素的含量及分布状态来评定。金丝玉的净度越高则品质越好（图11-28）。

图 11-28　高净度的金丝玉手串

（四）透明度

金丝玉的透明度可呈透明、亚透明、半透明、微透明、不透明等，根据透明度从高到低，金丝玉习惯上主要分为宝石光、冻料、光料、透料、瓷料等。宝石光为透明—亚透明，因光的折射和衍射造成表面形成的一种类似荧光效果；冻料为亚透明—半透明，外观如胶冻、果冻、冰冻状；光料为半透明状；透料为半透明—微透明；瓷料为不透明，外观如瓷器凝重。一般而言，金丝玉的透明度越高，则品质越好。

（五）重量

金丝玉的重量即块度，是影响金丝玉价值的重要因素。金丝玉以次生矿为主，是由原生矿经过风化、剥蚀、水流搬运和沉积等作用形成，相当于石英质玉的"子料"，其原生矿通常由硅质岩经交代蚀变高级变质作用而成。总体而言，所产出的金丝玉块度较小的居多，在戈壁滩上找到可以雕刻成山子的原料较难，因此在其他质量因素相同的情况下，金丝玉的重量越大则价值越高。

（六）加工工艺

金丝玉的加工工艺评价与其他石英质玉石类似，按照国家标准《玉雕制品工艺质量评价》（GB/T 36127—2018），金丝玉加工工艺以选料用料得当、造型设计优美、雕琢制作工艺精湛和配件质量好者为佳（图 11-29）。

图 11-29　金丝玉项链
（图片来源：赵艺卓提供）

第三节

其他品种

一、阿拉善玉

阿拉善玉指在地质作用过程中形成的，产于内蒙古阿拉善盟区域内以微晶—隐晶质石英为主要成分，具工艺价值的矿物集合体，可含少量赤铁矿、针铁矿、锐钛矿、绿鳞石、海绿石、绿泥石、伊利石等矿物。

阿拉善玉以其色彩艳丽、质地坚硬细腻、触感温润受到了广泛的关注。阿拉善玉的颜色常见红色、黄色、绿色、紫色、白色等（图 11-30、图 11-31），以及多种色调的组合色，少量和微量矿物成分的不同会导致颜色的不同。

第十一章　石英质玉的其他特色品种

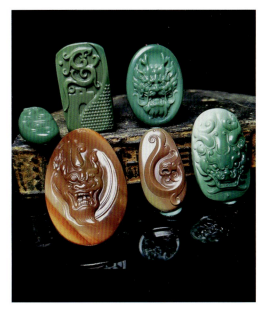

图 11-30　阿拉善玉挂坠

（图片来源：刘增艳提供）

图 11-31 阿拉善玉挂件
（图片提供：董伟勤提供）

　　按照内蒙古自治区地方标准《阿拉善玉》（DB15/T 715—2014），依据阿拉善玉的结构构造及产状特征可将其分为两类：玛瑙（玉髓）类和硅质碧玉类。玛瑙（玉髓）类又根据其颜色特征、特殊构造特征及特殊内含物特征分为多彩玛瑙、单色玉髓、葡萄玛瑙（图 11-32）、草花玛瑙、彩豆玉五个品种。硅质碧玉根据其颜色特征又可分为多彩

a "流珠挂玉"　　　　　　　　　　b "葡萄熟了"

图 11-32　产自内蒙古的葡萄玛瑙

硅质碧玉、单色硅质碧玉。

此外,阿拉善左旗乌力吉苏木的苏红图和巴彦淖尔苏木的玛瑙湖、阿拉善右旗的嘉吉滩和蒙古国的南戈壁省和东戈壁省等是"筋脉石"的主要产区。"筋脉石"的颜色多样,外观多变,可发育脊状突起,状如"筋脉"因此得名(图11-33~图11-35)。阿拉善产出的"筋脉石"筋脉发育不明显,一般呈卵圆状,常见单色"筋脉石",但阿拉善"筋脉石"光泽感强,具有良好的观赏性,当地称之为"包浆好"。

图 11-33 筋脉石原石

图 11-34 筋脉石组合手串

图 11-35 各种形状的筋脉石原石

(图片来源:摄于二连浩特市场)

Quartzose Jade

　　"筋脉石"为次生砂矿，富集于地势低洼的戈壁盆地中，呈卵圆形、纺锤形、拉长椭球型或压扁饼形。玄武岩、玄武安山岩等中基性喷出岩岩浆黏度低，气体易逃逸，冷凝后在岩浆上部和下部形成圆球状或椭圆球状气孔。后期热液充填中基性火山岩气孔，形成硅质杏仁体，成为筋脉石的原生矿床。

　　玄武岩母岩以辉石、长石等硅酸盐矿物组成，易风化淋滤，而以石英为主的硅质杏仁体抗风化能力强，在母岩遭受剥蚀后，"筋脉石"随风沙被带至地势低洼的盆地区域中，形成次生富集型矿床。

二、台山玉

　　台山玉是指产于广东省台山市北陡镇及其周边地区，以隐晶质石英为主要组成矿物、地开石或高岭石为次要矿物的集合体；其化学成分以二氧化硅为主，含少量铝、铁及锰等元素。其中铁元素是台山玉致色的重要原因，含量越高，颜色相应越深，且铁元素含量的变化、铁元素的存在形式不同都有可能发生黄色—红色的颜色转变。

　　按照广东省地方标准《台山玉》（DB44/T 1716—2015），依据主体颜色以及外观的特征，将台山玉可分为海红、海黄、冰白、乌鸦皮、冰皮等品种。

　　台山玉经海水磨蚀（包括子料、海湾料、深埋料及部分山流水料等），主体颜色色调为红色—褐红色的可称为海红台山玉（海红）（图11-36），黄色—杏黄色可称为海黄台山玉（海黄）（图11-37），海红和海黄台山玉颜色纯正鲜艳，质地致密均匀，细腻温润，玉质感很好。

图 11-36　海红台山玉摆件
（图片来源：胡红拴，2017）

图 11-37　海黄台山玉摆件
（图片来源：胡红拴，2017）

冰白台山玉（冰白）主体颜色为白色，色正质纯，包括子料、海湾料、深埋料、山流水料及山料。质地致密均匀，细腻温润，玉质感很好，可以单独定名为冰白台山玉，简称冰白。

乌鸦皮台山玉（乌鸦皮）是指外围包裹一层厚薄不等、经自然风化作用形成的乌黑色外皮的台山玉（图11-38）。

冰皮台山玉（冰皮）是指外围包裹有一层自然形成的白色或灰白色、质地细腻润泽外皮的台山玉。

图 11-38　乌鸦皮台山玉摆件
（图片来源：刘东提供）

三、大别山玉

大别山玉指产于大别山区（安徽省霍山、金寨等县及其周边）的石英质玉石，是以石英为主要成分的隐晶质—显晶质矿物集合体，可含少量绢云母、绿泥石、萤石、黄铁矿及其他黏土矿物等。

大别山玉颜色较丰富，纯净时无色，当含有不同的致色矿物时，可呈黄、橙、红、绿、紫等颜色，其中以黄色（图11-39）、橙色（图11-40）和红色较为常见，绿色、紫色和白色（图11-41）等其他颜色少见，还可见到"水草花"特殊品种（图11-42）。

图 11-39　黄色大别山玉原石
（图片来源：马昌军提供）

图 11-40　橙色大别山印章
（图片来源：李涛提供）

图 11-41　白色大别山玉挂坠
（图片来源：李涛提供）

图 11-42　具有"水草花"的大别山玉

安徽省六安市的霍山县和金寨县既是大别山玉的主要产出地，也是主要集散地。霍山县玉石市场现今已经具有一定的规模，从开采、选料、打磨、抛光、浸油（浸蜡）到销售的每个步骤（图 11-43～图 11-45）均有专门的从业人员，所以除少数商家在金寨县，大规模的大别山玉石交易均在霍山县。

图 11-43　对原石进行打磨、
　　　　　雕刻

图 11-44　对已打磨完成的半成
　　　　　品进行抛光

图 11-45　已抛光成品的浸油
　　　　　过程

四、通天玉

通天玉是指产于湖南省临武县通天山及周边区域，以石英为主要组成矿物，含少量高岭石、蒙脱石等矿物的石英质玉。

通天玉的颜色多样，色泽丰富，以纯白色居多，部分质地细腻、光泽油润的纯白色通天玉备受喜爱，部分玉石呈黄色或红色，上乘者颜色浓郁均一（图 11-46）。此外，还有青绿色、蓝色、灰黑色（图 11-47）等。含有少量赤铁矿和褐铁矿的通天玉呈黄色或红

图 11-46　通天玉摆件"喜上眉梢"
（图片来源：董玉文，2020）

图 11-47　黄色、灰黑色通天玉摆件
［图片来源：摄于兰德纵贯文化发展（北京）有限公司］

色，而青绿色是由通天玉中未被氧化的二价铁离子里所致。

　　通天玉还有部分玉石内部或裂隙面可见树枝状、花瓣状填充物，业内人士称"草花"，这些填充物一般呈立体伸展，富有层次感。因造型独特、相对稀少，有"草花"的通天玉在市场上往往价格倍增。

第十二章
Chapter 12
石英质玉的优化处理及其鉴别

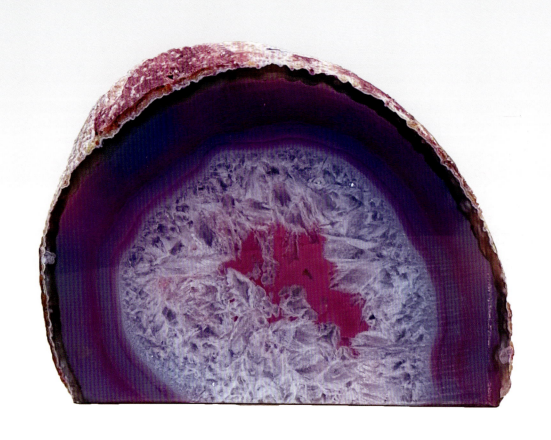

石英质玉常见的优化处理方法有热处理、染色处理及充填处理，此外还有水胆玛瑙的注水处理等。处理石英质玉石也可采用多种优化处理手段。

根据我国国家标准《珠宝玉石　名称》（GB/T 16552—2017）的规定，传统上被人们广泛接受的、能使珠宝玉石潜在的美显现出来的优化处理方法称为"优化"，非传统的、尚不能被人们接受的优化处理方法称为"处理"。石英质玉的热处理和隐晶质石英质玉（玉髓、玛瑙、碧石）的染色处理都属于"优化"；硅化玉（木变石／硅化木／硅化珊瑚）的染色处理属于"处理"；石英岩玉的染色处理、漂白、充填属于"处理"。此外，玉髓（玛瑙／碧石）和硅化玉（木变石／硅化木／硅化珊瑚）的充填方法是用玻璃、人工树脂充填少量裂隙及空洞，改善其耐久性和外观。

第一节

热处理

石英质玉的热处理主要用于玛瑙、木变石和硅化珊瑚的质量改善。

一、玛瑙的热处理与鉴别

玛瑙的热处理主要用于处理原生色调灰暗或浅淡黄褐色、红褐色玛瑙。在空气氧化气氛下直接加热玛瑙，可使其中的杂质二价铁离子（Fe^{2+}）氧化成三价铁离子（Fe^{3+}），并使其中的杂质矿物褐铁矿脱水变成赤铁矿，从而使色调灰暗或浅淡的黄褐色、红褐色玛瑙变成鲜艳的橘红色，甚至浓红色。改色后颜色稳定，不褪色。

经热处理的玛瑙均有"指甲纹"存在，但明显程度和分布情况不同，多者在表面所有位置都有丰富的杂乱排列的"指甲纹"，反之只在部分位置可见"指甲纹"，疏密程度也有不同。"指甲纹"对玛瑙的热处理具有鉴定意义。

热处理的红玛瑙颜色相对单一、单调（图12-1），色带之间多呈渐变关系，没有天

然红玛瑙的色带清晰分明（图12-2）。表面可以观察到"指甲纹"在局部位置集中分布，排列无规则，大小为0.3~1毫米；多数热处理红玛瑙中红色、半透明的部分可观察到颜色由大量红色点状颗粒组成，大部分红色点状颗粒有黑褐色核心，核心为放射状（图12-3、图12-4）。其通透性较好，但玉质不及天然玛瑙温润。

图 12-1　经热处理红玛瑙成品

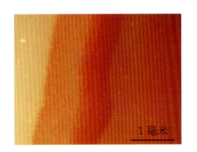

图 12-2　不同浓度红色色带

图 12-3　斑点状褐红色色斑

图 12-4　深色处不易观察的点状色斑

二、木变石的热处理与鉴别

在氧化条件下，黄褐色木变石经加热处理可转变为褐红色。主要原因是其中含有的少量二价铁离子（Fe^{2+}）在空气或氧化条件下加热转换为三价铁离子（Fe^{3+}）。在还原条件下，黄褐色木变石经加热处理可转变为灰黄色、灰白色，用于仿金绿宝石猫眼。

放大观察可发现，经热处理后的木变石颜色均匀，颜色边缘呈渐变关系。

三、硅化珊瑚的热处理与鉴别

此方法只适用于内部含二价铁离子的硅化珊瑚，当含二价铁离子硅化珊瑚的颜色较浅时，会对其进行简单的加热处理从而达到加深其颜色的目的，将硅化珊瑚中的二价铁离子氧化转化成三价铁离子，其颜色也会随之改变。

由于加热产生的红色与天然形成的红色有所不同。放大观察可发现加热产生的颜色不自然，浮于表面，颜色单一，不具过渡色。并且加热后的硅化珊瑚由于水分减少，结构发干，缺乏水润感。

第二节

染色处理

第十二章　石英质玉的优化处理及其鉴别

染色是石英岩玉及玉髓（玛瑙）常用的改善方法。目前，在木变石、硅化珊瑚中也可见染色处理。

一、石英岩玉的染色处理及鉴别

石英岩玉的染色处理通常是先加热淬火，再染色。常见的是染成绿色（图 12-5），主要用于仿翡翠，也可见染成红色、黄色、蓝色（图 12-6）等。

染成绿色的石英岩玉市场上俗称"马来西亚玉"，也有一些透明度差的染绿石英岩玉被称为"南韩玉"。马来西亚玉最初是作为翡翠的廉价仿制品大量出现在珠宝市场上，曾被业界称为山寨版翡翠。

染色石英岩玉放大检查可见颜色浓集于颗粒间隙和淬火裂纹中，呈网状分布；用铬盐染绿的石英岩玉在分光镜下可见 650 纳米处的宽吸收带。

图 12-5　染色石英岩玉手镯　　　　　　　　图 12-6　染色石英岩玉挂坠
（图片来源：古燕燕，2015）　　　　　　（图片来源：国家岩矿化石标本资源共享平台）

二、玉髓（玛瑙）的染色处理及鉴别

用无机或有机染料，可将无色玉髓和玛瑙染成所期望的颜色。

玉髓、玛瑙的染色可根据所用染色剂及所染颜色的特点，采用不同方法。目前的染色方法一般为渗入沉淀法，即将致色离子的可溶性溶液渗入玛瑙的孔隙之中，然后让其在孔隙中发生化学反应，生成有色的不溶化合物沉淀，并附着于孔壁上。具体方法有两种：一是将玛瑙浸泡在可溶性的用于着色的金属盐溶液中一段时间（几天至数周），使溶液充分渗入玛瑙的微细孔道中，然后取出干燥，并放入加热炉内加热，使孔道中的金属盐溶液分解，生成不溶性的致色金属氧化物。二是首先用一种化学试剂浸泡玛瑙，使化学试剂组分进入玛瑙孔道中，取出待染色玛瑙再使用另一种化学试剂浸泡，后一种化学试剂在渗入玛瑙孔道的过程中与第一种化学试剂发生化学反应，形成不溶性的有色化合物沉淀。染色玛瑙过程中，不同的染料会使玛瑙产生不同颜色。如浸入硝酸铁溶液中加热产生红色（图 12-7）；浸入亚铁氰化钾溶液再浸入硫酸铁溶液中并加热煮沸，会产生蓝色（图 12-8）；浸入饱和铬盐溶液或硝酸镍溶液中加热产生绿色（图 12-9）；浸入饱和氯化铁中略加热产生柠檬黄色；用糖液浸泡后加热或加入硝酸，可产生褐色；先用浓糖水浸泡，取出后浸入热的浓硫酸中，将产生黑色。

染色的玛瑙颜色艳丽，在裂隙及瑕疵处颜色均呈脉状浓集（图 12-10～图 12-12）。依附于玛瑙自身结构弥散分布，无特殊致色包裹体，颜色浮于表面，相同结构部分颜色深浅一致，色带间颜色差异由结构不同引起，色带中本应无色的玛瑙条带也带有较浅的颜色，放大检查可见均匀分布的密集微裂短纹（也被称为火劫纹）。

图 12-7　染色红玛瑙　　　　　　图 12-8　染色蓝玛瑙　　　　　　图 12-9　染色绿玛瑙

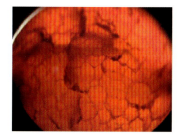
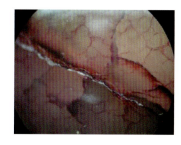

图 12-10　染色玛瑙裂隙中的　　　图 12-11　染色玛瑙裂隙中的　　　图 12-12　染色玛瑙裂隙中的
　　　　　红色染料　　　　　　　　　　　紫色染料　　　　　　　　　　绿色染料
（图片来源：朱红伟，2014）　　（图片来源：朱红伟，2014）　　（图片来源：朱红伟，2014）

三、木变石、硅化珊瑚的染色处理

　　黄色木变石经染色可形成蓝色木变石。在染色过程中，先用酸洗等方法破坏其原有的纤维结构，使其产生裂隙；再用蓝色颜料对其进行染色。经染色得到的蓝色木变石，其内部结构遭到破坏，猫眼效应较为暗淡，在珠孔处可见蓝色染料富集的现象。

　　硅化珊瑚染色处理一般是先将其用化学溶液浸泡，再加温处理以改变颜色，改色后颜色通常为深红色，加温的时间和温度决定改色后颜色的浓度。但是染色形成的颜色稳定性较差，颜色不自然，多存在于硅化珊瑚的表皮及缝隙里。放大检查可见颜色分布不均匀，多在裂隙、粒隙间或表面凹陷处富集；经丙酮或无水乙醇等溶剂擦拭可掉色。

第三节

充填处理与注水处理

一、充填处理

目前，在石英岩玉、玉髓、玛瑙及硅化珊瑚中均有见到充填处理的现象。

对于石英岩玉、玉髓、玛瑙的充填处理，其做法类似 B 货翡翠的处理过程，先酸洗，再充填。充填后可改善其外观及透明度。有时充填和染色会同时进行。

充填处理的石英岩玉、玉髓、玛瑙略显树脂光泽，透射光下放大观察可见结构疏松、内部洁净、透明度好；反射光下观察表面具有明显酸蚀网纹；树脂充填物在长波紫外光下多具有明显荧光，红外光谱检测显示树脂特征吸收峰。硅化珊瑚在形成过程中如果二氧化硅交代不充分，就会导致质地疏松或形成一些空洞（业内称为沙孔），特别是珊瑚虫中央部位最容易出现凹坑。在一定的条件下（如真空、加压、加热等），采用各种充填材料（有色或无色油、人造树脂、蜡等）对硅化珊瑚中开放的裂隙、孔洞直接进行充填处理，可以掩盖裂隙孔洞或强化结构。

放大检查可见充填部分的表面光泽与主体玉石存在差异，充填处可见气泡，红外光谱测试可见充填物特征峰，长、短波紫外线下，充填部分的荧光与主体玉石多存在差异。

二、注水处理

注水处理主要用于失水的水胆玛瑙的改善。

水胆玛瑙有从水胆通向表面的天然或加工时产生的裂隙，水胆玛瑙中的水会缓慢蒸发溢出直至水胆干涸，从而失去工艺价值。注水处理是将失水的水胆玛瑙浸于水中，利用毛细作用可以使水回填，或用加压注水方法使水回填，再用树胶或蜡质将裂隙等输水通道封住，避免再次失水。

通过仔细观察水胆玛瑙的水胆壁有无微裂隙及树胶或蜡质封堵的痕迹，或用普通针尖或热针触刺观察，是否易于刻划、有无蜡质融化或刺鼻气味来判断是否经过注水处理。

主要参考文献

第一篇　水晶

[1] 曹盼，虞澜，祖恩东. 天然水晶与水热法合成水晶的拉曼光谱分析 [J]. 光散射学报，2017, 29（1）: 50-53.

[2] 陈林. 水晶文化论 [J]. 东方文化周刊，2017（35）: 121-123, 120.

[3] 陈学军，王以群，毛荐. 天然与合成紫晶的光谱学特征及其呈色机理 [J]. 华东理工大学学报（自然科学版），2011, 37（3）: 320-324.

[4] 陈学军. 水晶的致色机理及测试技术研究 [D]. 上海: 华东理工大学，2011.

[5] 陈耀婷，陈婷. 加热紫水晶对鉴定合成和天然紫水晶的意义 [J]. 中国宝玉石，2016（1）: 148-153.

[6] 陈银汉. 论烟水晶的成因（八达岭伟晶岩烟水晶中包裹体研究）[J]. 石家庄经济学院学报，1980（4）: 43-47.

[7] 戴铸明. 漫谈水晶球——水晶鉴赏（5）[J]. 中国宝玉石，2008（6）: 114-117.

[8] 戴铸明. 水晶的性质、产地和类别——水晶鉴赏（2）[J]. 中国宝玉石，2007（4）: 110-113.

[9] 戴铸明. 天然水晶的常见品种——水晶鉴赏（3）[J]. 中国宝玉石，2008（1）: 104-107.

[10] 范筠. 水晶中固体包裹体的特征及其内含金红石的地球化学分析 [D]. 北京: 中国地质大学（北京），2014.

[11] 高孔，李颖彤，陈奕玲，等. 红外光谱在常见水晶与合成水晶鉴别中的应用 [J]. 企业科技与发展，2014（19）: 32-34.

[12] 何明跃，王春利. 钻石 [M]. 北京: 中国科学技术出版社，2016.

[13] 何明跃，王春利. 红宝石　蓝宝石 [M]. 北京: 中国科学技术出版社，2016.

[14] 何明跃，王春利. 翡翠 [M]. 北京: 中国科学技术出版社，2018.

[15] 何明跃，王春利. 祖母绿　海蓝宝石　绿柱石族及其他宝石 [M]. 北京: 中国科学技术出版社，2020.

[16] 何明跃，王春利. 宝玉石特色品种（宝石卷）[M]. 北京: 中国科学技术出版社，2021.

[17] 何明跃，王春利. 宝玉石特色品种（玉石卷）[M]. 北京: 中国科学技术出版社，2021.

[18] 何明跃，王春利. 珍珠　琥珀　珊瑚 [M]. 北京: 中国科学技术出版社，2021.

[19] 胡秀云. 彩色水晶的人工合成 [J]. 人工晶体学报，1985（2）: 13-16.

[20] 胡哲，郭颖. 粉色水晶内针状包裹体的成分与分布特征研究 [J]. 岩矿测试，2018, 37（3）: 306-312.

［21］华素坤，仲维卓. 水晶的结晶习性与生长规律研究［J］. 物理，1991，20（4）：241-243.

［22］霍有光. 从玛瑙、水晶饰物看早期治玉水平及琢磨材料［J］. 考古，1992（6）：567-570.

［23］金铭玉. 二氧化硅质宝石［J］. 地质实验，1997，13（4）：276-279.

［24］雷引玲，魏权凤. 紫晶宝石学特征及其相似宝石的鉴别［J］. 陕西地质，1998，16（2）：64-67.

［25］李辰昊. 水晶内含物的类型及成因分析［D］. 成都：成都理工大学，2017.

［26］李胜荣. 结晶学与矿物学［M］. 北京：地质出版社，2008.

［27］李小菊，周汉利，李举子. 宝石刻面琢型的演化和发展［J］. 宝石和宝石学杂志，2007（4）：37-40，43.

［28］李娅莉，陈美华. 宝石学教程（第二版）［M］. 武汉：中国地质大学出版社，2011.

［29］李源. 有色水晶的热处理及呈色机理研究［D］. 北京：中国地质大学（北京），2008.

［30］李兆聪. 水晶的肉眼识别［J］. 中国宝玉石，1999（4）：64-65.

［31］林慧. 激光拉曼光谱技术对水晶矿物包裹体的研究［D］. 石家庄：河北地质大学，2016.

［32］林维峰，邹耀辛，迟广成，等. 深色天然烟晶中内含物的成因及其鉴定意义［J］. 岩矿测试，2005，24（1）：62-64.

［33］刘志华. 水晶鉴赏宝典［M］. 上海：上海科学技术出版社，2008.

［34］马永旺，李海波，陆太进，等. 辐照绿水晶与合成绿水晶的鉴定特征［J］. 中国珠宝首饰学术交流会，2011：117-120.

［35］茅忠明，罗静舟. 水热温差法生长人造水晶及其过程控制［J］. 上海理工大学学报，1994（3）：95-98.

［36］潘兆橹. 结晶学及矿物学（上、下）［M］. 北京：地质出版社，1993.

［37］秦善. 结构矿物学［M］. 北京：北京大学出版社，2011.

［38］全国珠宝玉石标准化技术委员会. 玉雕制品工艺质量评价：GB/T 36127—2018［S］. 2018.

［39］申丽璇. 离子注入技术在宝石表面改色的应用与研究［D］. 北京：中国地质大学（北京），2012.

［40］施尔畏，夏长泰. 水热法的应用与发展［J］. 无机材料学报，1996，11（2）：193-206.

［41］作者不详. 世界知名的宝石王国——巴西［J］. 宝藏，2015（1）：136-137.

［42］作者不详. 水晶的培育及其用作振子的特性［J］. 人工晶体，1973，4（1）：35-68.

［43］王红. 巴西宝石概述［J］. 宝藏，2013（6）：25-27.

［44］王萍，李国昌，刘曙光. 江苏东海有色水晶的品种及颜色成因分析［J］. 珠宝科技，2004，16（3）：28-32.

［45］王濮. 系统矿物学［M］. 北京：地质出版社，1982.

［46］邢碧倩，施光海. 含管状"人造发"水晶的特征及鉴定［J］. 宝石和宝石学杂志，2019，21（1）：12-19.

［47］伍婉仪. 热处理紫水晶的工艺研究及光谱特征［J］. 宝石和宝石学杂志，2016，18（5）：47-55.

［48］肖秀梅. 水晶鉴赏与收藏［M］. 北京：文化发展出版社，2015.

［49］徐斌等. 黄、绿水晶的生长及透光特性［J］. 硅酸盐通报，1993（4）：57-59.

［50］尹继才. 中国绿水晶［J］. 中国地质科学院院报，1993，4（Z1）：183-184.

［51］余平. 宝石之岛马达加斯加［J］. 珠宝科技，1997（1）：36-37.

［52］余晓艳. 有色宝石学教程（第二版）［M］. 北京：地质出版社，2016.

［53］作者不详. 玉雕大师·仵应汶［J］. 中国商贸，2013（1）：64-65.

［54］岳文珍. "绿幽灵"和"绿水晶"水晶包裹体矿物学研究［D］. 北京：中国地质大学（北京），2020.

［55］张蓓莉，陈华，孙凤民. 珠宝首饰评估（第二版）［M］. 北京：地质出版社，2018.

［56］张蓓莉. 系统宝石学［M］. 北京：地质出版社，2006.

［57］张守忠，胡利民. 世界水晶之都——东海［J］. 江苏地方志，2019（6）：87-92.

［58］张雨阳，陈美华，郑金宇. "白幽灵"水晶仿制品的鉴定特征［J］. 宝石和宝石学杂志（中英文），2020，22（3）：12-18.

［59］郑大中，郑若锋. 论天然水晶形成机制［J］. 地质学刊，2009，24（1）：22-31.

［60］郑大中，郑若锋. 苏北东海水晶矿床的形成机理初探［J］. 地质学刊，2009，33（3）：239-244.

［61］钟华邦. 神奇的水胆水晶石［J］. 地球，2001（3）：13-14.

［62］钟雪平. 广东惠州出土古代水晶探析——以惠州市博物馆馆藏西周水晶珠为例［J］. 文物鉴定与鉴赏，2020（21）：21-23.

［63］钟华邦. 我国的水晶资源［J］. 中国宝玉石，1995（3）：30-31.

［64］仲维卓. 人工水晶［M］. 北京：科学出版社，1983.

［65］仲维卓，华素坤，施尔畏. 彩色水晶的形成机理［J］. 物理，1991，20（11）：694-697.

［66］仲维卓，华素坤. 人工水晶的结晶习性与生长机理［J］. 自然科学进展，1992（4）：368-372.

［67］周丹怡，陆太进，宋中华. 买世界、卖全球，跨境创新向前走疫情变局下的东海水晶市场考察之行［J］. 中国宝石，2020（4）：52-55.

［68］周素珍. 达碧兹式紫晶的宝石学特征研究［J］. 中国宝玉石，2014（S1）：154-157.

［69］朱振振，尹作为，赵漪水. 东海水晶市场发展现状及未来趋势探讨——关于东海水晶市场的实证调研分析报告［J］. 特区经济，2012（8）：270-272.

［70］AC Walker. Hydrothermal Synthesis of Quartz Crystals［J］. Journal of the American Ceramic Society, 2010, 36（8）：250-256.

［71］AEH Tutton. Rock Crystal：its Structure and Uses［J］. Nature Publishing Group, 1911（88）：261-265.

［72］Andy Lucas. The Rise of the Brazilian Jewelry Industry［J/OL］. https://www.gia.edu/gia-news-research-rise-of-the-brazilian-jewelry-industry.

［73］Balisky V S, Machine I B, Mar'in A A, et al. Industrial growth, morphology and some properties of Bi-colored amethyst-citrine quartz（ametrine）［J］. Journal of Crystal Growth, 2000（1）：255-260.

［74］David Stanley Epstein. Amethyst Mining in Brazil［J］. Gems & Gemology, 1988：24（4）.

［75］F Troilus, AE Hari, S Mouaddib, et al. Amethyst from Boudi, Morocco［J］. Gems & Gemology, 2015, 51（1）：32-40.

［76］Frondel C. Characters of quartz fibers［J］. American mineralogist, 1978, 63（1-2）：17-27.

［77］Gislason S R, Heaney P J, Veblen D R, et al. The difference between the solubility of quartz and chalcedony：the cause? ［J］. Chemical geology, 1993, 107（3-4）：363-366.

［78］Jens Götze. Classification, Mineralogy and Industrial Potential of SiO_2 Minerals and Rocks［J］. Quartz: Deposits, Mineralogy and Analytics, 2012：1-27.

［79］Jens Götze, Robert Mckel. Quartz: deposits, mineralogy and analytics［M］. Berlin：Springer-Verlag Berlin Heidelberg, 2012.

［80］khadzhi valentin evstafievich, reshetova galina vasilievna. Method of producing citrine crystals［P］. US: us4024013, 1974−01−11.

［81］MS Krzemnicki. Ametrine with Layers of Smoky Quartz［J］. Gems & Gemology, 2000: 36（2）.

［82］Patarin J, Courtois N, Goubin L. QUARTZ, 128−Bit Long Digital Signatures［M］. Topics in Cryptology — CT-RSA 2001. Berlin: Springer Berlin Heidelberg, 2001:282−297.

［83］Patrick Schmidt, Aneta Slodczyk, Vanessa Léa, et al. A comparative study of the thermal behaviour of length−fast chalcedony, length−slow chalcedony（quartzine）and moganite［J］. Physics and Chemistry of Minerals, 2013, 40（4）.

［84］Presnall D C. Phase diagrams of Earth−forming minerals［J］. Mineral physics and crystallography: A handbook of physical constants, 1995（2）: 248−268.

［85］R Crowningshield, C Hurlbut, CW Fryer. A Simple Procedure to Separate Natural from Synthetic Amethyst on the Basis of Twinning［J］. Gems & Gemology, 1986, 22(3):130−139.

［86］Robert Weldon. How to Travel Brazil: Gemstones Edition［J/OL］. https://www.gia.edu/gia-news-research/how-to-travel-brazil-gemstones-edition.

［87］Stefanos Karampelas, Emmanuel Fritsch, Triantafillia Zorba, et al. Infrared Spectroscopy of Natural vs. Synthetic Amethyst: An Update［J］. Gems & Gemology, 2011, 47（3）: 196−201.

［88］Sandra B B, Sheila M B B S. The gemstone deposits of Brazil: occurrences, production and economic impact［J］. Boletín de la Sociedad Geológica Mexicana, 2010, 62（1）: 123−140.

［89］Thomas R Paradise. The natural Formation and Occurrence of Green Quartz［J］. Gems & Gemology, 1982, 18（1）: 39−42.

［90］Vladimir S Balitsky, Denis V Balitsky, Galina V Bondarenko, et al. The 3543 cm^{-1} Infrared Absorption Band in Natural and Synthetic Amethyst and Its Value in Identification［J］. Gems & Gemology, 2004, 40（2）: 146−161.

［91］Weldon Robert. Anahi's "new" ametrine［J］. Gems & Gemology, 2009, 45（1）: 63−64.

第二篇　石英质玉

［1］安徽省质量技术监督局. 大别山玉: DB34/T 1852—2013［S］. 2013.

［2］蔡佳，余晓艳，尹京武，等. 几种大型测试仪器在新疆吐鲁番珊瑚化石颜色成因研究中的应用［J］. 电子显微学报，2010（6）: 521−526.

［3］蔡佳，刘春花，余晓艳. 新疆吐鲁番珊瑚化石的宝石学特征及开发前景［J］. 宝石和宝石学杂志，2008（2）: 13−16.

［4］曹妙聪，翟雨萌. 南红玛瑙的宝石学性质及鉴别［J］. 长春工程学院学报（自然科学版），2013, 14（3）: 123−125.

［5］陈全莉，周冠敏，尹作为. 珊瑚化石的红外光谱及 XRD 研究［J］. 光谱学与光谱分析，2012（8）: 2246−2249.

［6］陈索翌，王时麒，何雪梅，等. 四川凉山南红玛瑙矿床产出特征及成因分析［J］. 珠宝与科技——中国珠宝首饰学术交流会论文集，2015.

［7］代司晖，申柯娅. 四川凉山南红玛瑙与非洲南红玛瑙的宝石学特征［J］. 宝石和宝石学杂志，2016，18（4）：22-27.

［8］戴慧，刘琪，张青，等. 大别山区石英质玉宝石矿物学特征研究［J］. 宝石和宝石学杂志，2011，13（3）：32-37.

［9］范磊，邱家军，宋鹏，等. 珊瑚化石的组成及显微结构分析［J］. 岩矿测试，2014（3）：340-344.

［10］冯晓语. 阿拉善彩玉颜色成因研究［J］. 西部资源，2018（6）：59-63.

［11］古燕燕. 教你三招鉴别翡翠［J］. 西部资源，2015（3）：79.

［12］广东省质量技术监督局. 台山玉：DB44/T 1716—2015［S］. 2015.

［13］何明跃，王春利. 宝玉石特色品种（宝石卷）［M］. 北京：中国科学技术出版社，2021.

［14］何明跃，王春利. 宝玉石特色品种（玉石卷）［M］. 北京：中国科学技术出版社，2021.

［15］何明跃，王春利. 翡翠［M］. 北京：中国科学技术出版社，2018.

［16］何明跃，王春利. 红宝石　蓝宝石［M］. 北京：中国科学技术出版社，2016.

［17］何明跃，王春利. 珍珠　琥珀　珊瑚［M］. 北京：中国科学技术出版社，2021.

［18］何明跃，王春利. 祖母绿　海蓝宝石　绿柱石族及其他宝石［M］. 北京：中国科学技术出版社，2020.

［19］何明跃，王春利. 钻石［M］. 北京：中国科学技术出版社，2016.

［20］湖南省质量技术监督局. 通天玉：DB 43/T 1133—2015［S］. 2015.

［21］黄德晶，沈建锋. 台山玉宝石学矿物学特征研究［J］. 内蒙古煤炭经济，2018（11）：143-144，150.

［22］金芯羽. 桂林龙胜"鸡血玉"的宝石矿物学特征［D］. 北京：中国地质大学（北京），2019.

［23］雷芳芳. 缅甸硅化木的矿物学特征分析［J］. 世界有色金属，2016（19）：111-112.

［24］雷洁. 西周至春秋早期西北地区玛瑙制品试析［J］. 文物鉴定与鉴赏，2020（20）：36-38.

［25］雷威. 贵州某地虎睛石的宝石学特征及加工研究［J］. 桂林工学院学报，2001，21（2）：120-122.

［26］李肇，何雪梅. 盐源玛瑙的宝石矿物学特征研究［C］. 中国国际珠宝首饰学术交流会论文集（2017），2017：8.

［27］李伟良，王谦. 临武县通天玉相关特征及成因初探［J］. 国土资源导刊，2015，12（4）：46-49.

［28］李娅莉，陈美华. 宝石学教程（第二版）［M］. 武汉：中国地质大学出版社，2011.

［29］辽宁省市场监督管理局. 黄蜡石　鉴定：DB21/T 3170—2019［S］. 2019.

［30］林礼. 凉山南红玛瑙的宝石学和岩石学特征分析［D］. 成都：成都理工大学，2016.

［31］林嵩山. 台湾的特产宝石——蓝玉髓［J］. 宝石和宝石学杂志，1999（2）：12-14.

［32］刘皓. 石英质玉"筋脉石"宝石学特征研究［D］. 北京：中国地质大学（北京），2020.

［33］刘琪，戴慧，张青，等. 大别山区石英质玉分级［J］. 安徽地质，2013，23（4）：265-268.

［34］鲁智云. 北红玛瑙的颜色、结构与鉴定特征［D］. 北京：中国地质大学（北京），2019.

［35］路玮. 盐源彩玉的宝石矿物学特征及颜色成因［D］. 北京：中国地质大学（北京），2020.

［36］罗书琼，李凯，刘迎新. 不同颜色木变石的致色机理研究［J］. 岩石矿物学杂志，2014（S1）：76-82.

［37］罗友琴. "珊瑚玉"的宝石矿物学特征研究［D］. 石家庄：河北地质大学，2018.

［38］孟国强，陈美华，蒋佳丽，等. 河北宣化"战国红"玛瑙的结构特征及颜色成因［J］. 宝石和宝石学杂志，2016，18（6）：28-34.

［39］孟丽娟，王时麒，陈振宇. 紫色玉髓的颜色成因初探［J］. 岩石矿物学杂志，2016，35（S1）：78-84.

［40］内蒙古自治区质量技术监督局. 阿拉善玉：DB15/T 715—2014［S］. 2014.

［41］潘羽. 河南新密密玉的宝石学特征及成因研究［D］. 中国地质大学（北京），2017.

［42］祁建誉. 辽西地区玛瑙矿床成矿地质特征及找矿方向［J］. 地质与资源，2014，23（2）：135-137.

［43］全国珠宝玉石标准化技术委员会. 玛瑙　北红玛瑙　鉴定：GB/T 38816—2020［S］. 2020.

［44］全国珠宝玉石标准化技术委员会. 石英质玉　分类与命名：GB/T 34092—2017［S］. 2017.

［45］全国珠宝玉石标准化技术委员会. 玉雕制品工艺质量评价：GB/T 36127—2018［S］. 2018.

［46］全国珠宝玉石标准化技术委员会. 珠宝玉石　鉴定：GB/T 16553—2017［S］. 2017.

［47］全国珠宝玉石标准化技术委员会. 珠宝玉石　名称：GB/T 16552—2017［S］. 2017.

［48］施加辛. 硅化木玉石的成分与显微结构特征［J］. 宝石和宝石学杂志，2002，4（1）：47.

［49］宋广华. 北红玛瑙的前世今生（上）［J］. 宝藏，2018（4）：150-154.

［50］苏琳，范建良，郭守国. 紫色玉髓的矿物学特征及其呈色机理研究［J］. 矿产保护与利用，2008（5）：
　　　21-26.

［51］唐亚丽，余晓艳. 马达加斯加玛瑙的宝石学特征［J］. 宝石和宝石学杂志，2015，17（1）：38-44.

［52］田隆. 五颜六色的黄龙玉及致色机理［J］. 岩矿测试，2012，31（2）：306-311.

［53］王冠军. 馆藏作品：密玉《一夜成名》［J］. 天工，2018（4）：2.

［54］王濮. 系统矿物学［M］. 北京：地质出版社，1982.

［55］王亚军，周燕萍，石斌，等. 河南淅川木变石宝石学研究（上）［J］. 超硬材料工程，2014，26（2）：
　　　55-59.

［56］吴帆，何雪梅. "大同紫玉"的宝石学特征研究及颜色成因探讨［C］. 中国国际珠宝首饰学术交流会
　　　论文集（2017），2017：4.

［57］夏玉梅，戴苏兰，陈大鹏，等. 玛瑙的宝石学分类及其鉴别特征［J］. 矿物岩石，2020，40（2）：
　　　1-14.

［58］杨天畅. 大别山地区石英质玉石的宝石矿物学研究［D］. 中国地质大学（北京），2013.

［59］余水莲，刘迎新，余晓艳. 广西岑溪"金砂玉"的宝石学特征及矿物组成［J］. 岩石矿物学杂志，
　　　2014（S1）：101-105.

［60］余晓艳. 有色宝石学教程（第二版）［M］. 北京：地质出版社，2016.

［61］云希正. 刘氏藏玉（二）——中国古代水晶玛瑙器研究序［J］. 收藏家，2012（10）：10-18.

［62］张蓓莉，陈华，孙凤民. 珠宝首饰评估（第二版）［M］. 北京：地质出版社，2018.

［63］张蓓莉. 系统宝石学［M］. 北京：地质出版社，2006.

［64］张健，陈华，陆太进，等. 人工处理绿玉髓的宝石学特征［J］. 中国珠宝首饰学术交流会，2013.

［65］张金富，王世勋. 云南龙陵玉石新品——黄蜡玉特性及品质评述［J］. 云南地质，2007，26（1）：
　　　25-31.

［66］张诗. 桂林鸡血玉的质量评价及其市场前景调查［J］. 超硬材料工程，2014，26（6）：50-54.

［67］张雪梅，何雪梅. 辽宁阜新紫玉髓的宝石学特征研究及颜色成因探讨［J］. 中国珠宝首饰学术交流
　　　会，2015.

［68］张勇，陆太进，陈华. 阿拉善戈壁玛瑙的显微特征［J］. 珠宝与科技——中国珠宝首饰学术交流会论
　　　文集，2015.

［69］张勇，陆太进，杨天畅，等. 石英质玉石的颜色分布及其微量元素分析［J］. 岩石矿物学杂志，2014
　　　（S1）：83-88.

［70］郑默然，李灵洁，何丽伟，等. 陕西宁强"珊瑚玉"的矿物学、玉石学特征研究［J］. 岩石矿物学杂

志，2014（S2）：102-106.

[71] 中国质量检验协会. 石英质玉（金丝玉）鉴定与分类：T/CAQI 76—2019 [S]. 2019.

[72] 周凌枫. 优化处理玛瑙的鉴定特征 [D]. 北京：中国地质大学（北京），2016.

[73] 祝琳，杨明星，唐建磊，等. 南红玛瑙宝石学特征及红色纹带成因探讨 [J]. 宝石和宝石学杂志，2015，17（6）：31-38.

[74] Carlson M R. The Beauty of Banded Agates [M]. Edina: Fortification Press, 2022.

[75] CHEN Quan-li, YUAN Xin-qiang, JIA Lu. Study on the Vibrational Spectra Characters of Taiwan Blue Chalcedony [J]. Spectroscopy and Spectral Analysis, 2011, 31（6）: 1549-1551.

[76] Flörke O W, Graetsch H, Martin B, et al. Nomenclature of micro-and non-crystalline silica minerals based on structure and microstructure [J]. Neues Jahrbuch für Mineralogie-Abhandlungen, 1991: 19-42.

[77] Frondel C. Characters of quartz fibers [J]. American Mineralogist, 1978: 17-27.

[78] Frondel C. Structural hydroxyl in chalcedony（type B quartz）[J]. American Mineralogist, 1982: 1248-1257.

[79] G Miehe, H Graetsch, O W Flörke. Crystal structure and growth fabric of length-fast chalcedony [J]. Physics and Chemistry of Minerals, 1984: 197-199.

[80] Gíslason S R, Heaney P J, Veblen D R, et al. The difference between the solubility of quartz and chalcedony: the cause? [J]. Chemical Geology, 1993: 363-366.

[81] Götze J, Gaft M, Möckel R. Uranium and uranyl luminescence in agate/chalcedony [J]. Mineralogical Magazine, 2015: 985-995.

[82] Graetsch H. Structural characteristics of opaline and microcrystalline silica minerals [J]. Reviews in Mineralogy, Silica Physical behavior, geochemistry and materials applications, 1994, 29（1）: 209-232.

[83] Heaney P J, Davis A M. Observation and origin of self-organized textures in agates [J]. Science, 1995: 1562-1565.

[84] Heaney P J, Veblen D R, Post J E. Structural disparities between chalcedony and macrocrystalline quartz [J]. American Mineralogist, 1994: 452-460.

[85] Maleev M N. Diagnostic features of spherulites formed by splitting of a single-crystal nucleus. Growth mechanism of chalcedony [J]. Tschermaks Mineralogische and Petrographische Mitteilungen, 1972: 1-16.

[86] Merino E, Wang Y, Deloule E. Genesis of agates in flood basalts: twisting of chalcedony fibers and trace-element geochemistry [J]. American Journal of Science, 1995: 1156-1176.

[87] Monroe E A. Electron optical observations of fine-grained silica minerals [J]. American Mineralogis, 1964: 339-347.

[88] Moxon T. Moganite and water content as a function of age in agate: an XRD and thermogravimetric study [J]. European Journal of Mineralogy, 2004: 269-278.

[89] Patarin J, Courtois N, Goubin L. QUARTZ, 128-Bit Long Digital Signatures [M]. Berlin: Springer Berlin Heidelberg, 2001: 282-297.

[90] Patrick Schmidt, Aneta Slodczyk, Vanessa Léa, et al. A comparative study of the thermal behaviour of length-fast chalcedony, length-slow chalcedony (quartzine)and moganite[J]. Physics and Chemistry of Minerals, 2013, 40 (4): 331-340.

[91] R A Eggleton, J Fitz Gerald, L Foster. Chrysoprase from Gumigil, Queensland [J], Australian Journal of Earth Sciences, 2011, 58 (7): 767-776.

[92] Taijing L, Sunagawa I. Texture formation of agate in geode [J]. Mineralogical Journal, 1994: 53-76.

[93] Taijing L, Zhang X. Nanometer scale textures in agate and Beltane opal [J]. Mineralogical Magazine, 1995: 103-109.

[94] Tanaka T, Kamioka H. Trace element abundance in agate [J]. Geochemical Journal, 1994: 359-362.

[95] Sandra B B, Sheila M B B S. The gemstone deposits of Brazil: occurrences, production and economic impact [J]. Boletín de la Sociedad Geológica Mexicana, 2010 (S2): 123-140.

[96] Wang Y, Merino E. Origin of fibrosity and banding in agates from flood basalts [J]. American Journal of Science, 1995: 49-77.

[97] White J F, Corwin J F. Synthesis and origin of chalcedony [J]. American Mineralogist, 1961: 112-119.

[98] Xu H, Buseck P R, Luo G. HRTEM investigation of microstructure in length-slow chalcedony [J]. American Mineralogist, 1998: 542-545.